線形代数

例とポイント

Linear Algebra, Examples and Points

三宅敏恒 著

培風館

序　　文

本書は，はじめて線形代数を学ぼうとする学生のための教科書として，執筆したものである．線形代数を理屈として理解するのではなく，感覚的にわかることを目標とし，そのために，具体的な例をたくさん述べ，できるだけ図を入れ，さらにポイントによって読者の理解をはかった．また，内容の理解が容易に確かめられる練習と，各節末に多くの問題を付けた．問題を重要視し，問題の解答も詳しく付け，問題を通じても理解が深まるようにした．2色刷としたことも，読者の理解をいくらか容易にする手助けになればと思う．

本書の内容は，次の通りである．

1章は，序章ともいえる．§1.1では，平面の場合にベクトルを考える利便性を解説する．§1.2では，行列を定義し，それが表の抽象化であることを説明する．行列が表の抽象化であることから，一見不自然な行列の積が，表の積と考えると自然なことがわかる．また，正方行列や対称行列などいくつかの，特別な行列の定義を行う．

2章は，連立1次方程式を扱う．§2.1では，連立1次方程式を復習する．連立1次方程式は行列の方程式で表されるので，行列の方程式も連立1次方程式とよぶ．§2.2では，連立1次方程式が解ける必要十分条件を調べる．これは，連立1次方程式を行列の方程式としてとらえることで，行列の階数を用いて与えられる．§2.3では，正方行列が正則行列になることの必要十分条件を4つあげる（定理2.5）．正則行列は，線形代数では非常に重要である．正則行列の必要十分条件は，定理3.3（§3.2），定理4.2（§4.1）でも述べる．また，定理2.5の応用として，行列の簡約化を用いて逆行列を計算する．

この章の連立1次方程式の理論は，線形代数のいろいろな計算を行ううえで重要で本質的である．

3章は，行列式について論じる．§3.1では，行列式を帰納的に定義し，行列式の基本性質を述べ，行列式の計算を説明する．§3.2では，余因子展開，クラーメルの公式について述べる．また，Appendixにおいては，行列式の幾何学的な意味を説明する．

4章は，抽象的なベクトル空間を扱う．§4.1では，ベクトル空間を定義し，1次独立，基底と次元を説明する．§4.2では，線形写像を定義し説明する．読者が微分方程式などを学ぶことも考え，定義は一般的に行う．線形写像の特別な場合である線形変換と固有値は，いくらか詳細に述べる．また，ケイリー・ハミルトンの定理は応用も含めて説明する．§4.3では，内積空間について述べる．特に，ノルムの性質とシュミットの正規直交化については，詳しく説明する．§4.4では，行列の対角化について述べる．特に，対称行列の直交化は重要であるので詳しく，例も含めて解説する．

本書は，初学者向けの入門書である．しかし，改めて線形代数を学び直したい方々にも，ベクトルの幾何学的な説明，多くの図版，行列式の幾何学的な意味の解説などにより，新しい見方ができるのではないかと期待している．また，具体的な例を数多く掲載し，すべての問題に解答を付しているので演習書としても十分に利用できるのではないかと思う．

畏友 前田芳孝氏は最初の原稿を読んでくださり，多くのご意見を賜りました．ここに謝意を表します．また，培風館社長 山本格氏および編集部長 松本和宣氏は著者に理解を示してくださり，教科書としては変わった体裁の本の出版に同意していただきました．最後になってしまいましたが，編集部 江連千賀子氏は幾度となく原稿に目を通してくださり，非常に丁寧なご指摘をいただきました．本書の「ポイント」をつけるというのは，彼女のアイディアであることを申し添えます．山本氏，松本氏，江連氏に心から感謝を申し上げます．

2010年3月

三宅敏恒

目　次

1 ベクトルと行列

1.1 平面のベクトルとその応用

初等幾何学において有効な手段であるベクトルを，平面の場合に簡単に紹介する．

平面のベクトル　平面上の2点を結ぶ線分に向きをつけたものを，平面のベクトルという．ベクトルは

「向き」と「長さ」

のみを考え，線分の位置は考えない．つまり，2つの線分は，向きと長さが等しいときにのみ，同じベクトルであると考える(図1.1)．

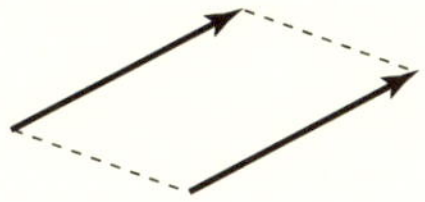

2つのベクトルは等しい

図 1.1

▶ **例 1**　ベクトルというのは，風のようなものである．よく

風は北東の向きで，毎秒3mの速さで吹く

というが，これは風の方向と，風速というエネルギーを表している(図1.2)．しかし，どこで吹いているかの細かな位置は問題にしない．風向と風速を，風のベクトルというのは，ここに理由がある．

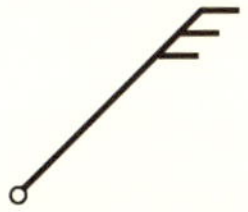

図 1.2

有向線分　平面上の2点A, Bに対して，長さがAとBの間の距離 $|AB|$ で，向きがAからBの方向である線分を有向線分という．この有向線分で表されるベクトルを $\overrightarrow{AB}$ と書き，点Aを始点，点Bを終点という(図1.3)．すべてのベクトルは，平面の任意の点を始点とするようにとれる．

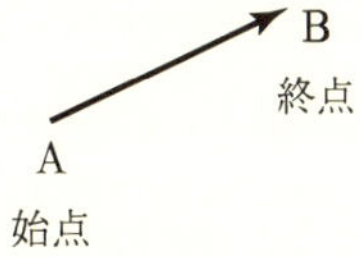

図 1.3

1. 長さと角度が定義されている通常の平面は，2次元のユークリッド空間ともよばれる．これについては，§4.3で述べる．
2. ベクトルの長さは，ベクトルの大きさともいう．

ベクトルは $\vec{a}, \vec{b}, \cdots$ と表す．また，始点，終点を明らかにしたいときには $\overrightarrow{\mathrm{AB}}, \overrightarrow{\mathrm{BC}}, \cdots$ と書く．ベクトル $\vec{a}=\overrightarrow{\mathrm{AB}}$ の長さは $|\vec{a}|$ または $|\overrightarrow{\mathrm{AB}}|$ と表す．

ベクトルの和　2つのベクトル $\vec{a}, \vec{b}$ を

$$\vec{a} = \overrightarrow{\mathrm{A_1B_1}}, \qquad \vec{b} = \overrightarrow{\mathrm{A_2B_2}}$$

と表すとき，ベクトル $\vec{b}$ を平行に動かして，その始点 $\mathrm{A_2}$ が $\vec{a}$ の終点 $\mathrm{B_1}$ に等しくなるようにとる．$\mathrm{A_1}$ から $\mathrm{B_2}$ へのベクトル $\overrightarrow{\mathrm{A_1B_2}}$ を $\vec{a}$ と $\vec{b}$ の**和**といい，$\vec{a}+\vec{b}$ と表す(図 1.4)．

ベクトルの差　2つのベクトル $\vec{a}, \vec{b}$ に対して，ベクトル $\vec{a}$ とベクトル $\vec{b}$ の**差** $\vec{a}-\vec{b}$ を，$\vec{b}$ に $\vec{a}-\vec{b}$ を加えれば $\vec{a}$ になるベクトルと定義する(図 1.5)．

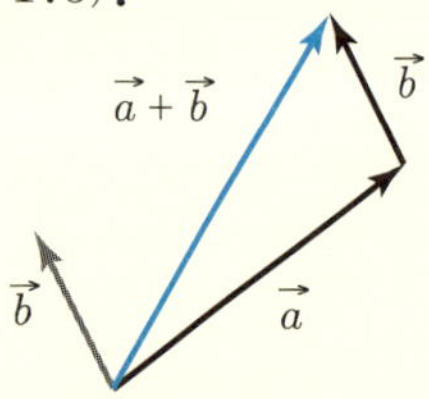

図 1.4

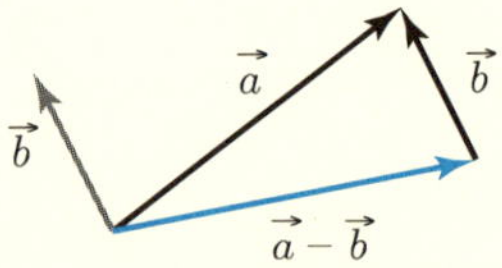

図 1.5

Point !
零ベクトル $\vec{0}$ は，長さが0で，向きは考えない．
任意の点Aに対して $\overrightarrow{\mathrm{AA}}=\vec{0}$ である．

零ベクトル　長さが0のベクトルを**零ベクトル**といい，$\vec{0}$ と表す．

$\vec{a}$ を任意のベクトルとすると，和と零ベクトルの定義より

$$\vec{a}+\vec{0} = \vec{0}+\vec{a} = \vec{a}.$$

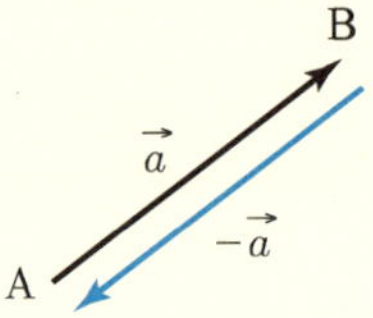

図 1.6

逆ベクトル　任意のベクトル $\vec{a}$ に対して，$\vec{a}$ と向きが逆で長さが等しいベクトルを $-\vec{a}$ と表し，$\vec{a}$ の**逆ベクトル**という．2点を結ぶ有向線分を用いて表すと，逆ベクトルは次のようになる(図 1.6)．

$$-\overrightarrow{\mathrm{AB}} = \overrightarrow{\mathrm{BA}}$$

練習 1.1　次のベクトル $\vec{a}, \vec{b}$ に対し，$\vec{a}+\vec{b}$，$\vec{a}-\vec{b}$ を図示せよ．

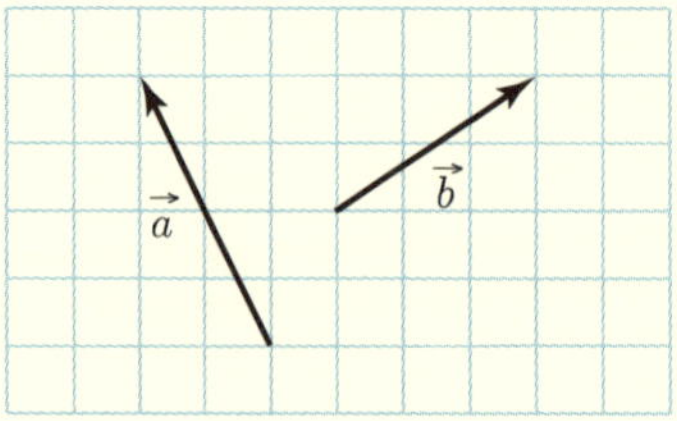

図 1.7

ベクトルの実数倍　任意のベクトル $\vec{a}$ と任意の実数 c に対して，$c\vec{a}$ を，長さが $\vec{a}$ の $|c|$ 倍で，$c>0$ ならば向きは $\vec{a}$ と同じベクトル，$c<0$ ならば $c\vec{a}$ の向きは $-\vec{a}$ と同じベクトル，$c=0$ ならば $c\vec{a}=\vec{0}$ と与える(図 1.8).

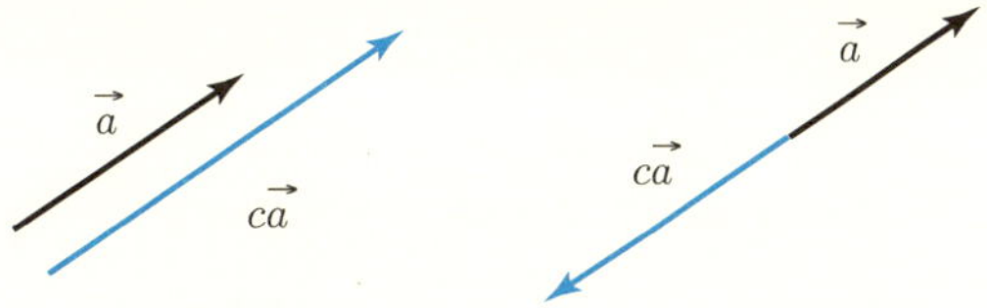

$c>0$ のとき　　$c<0$ のとき

図 1.8

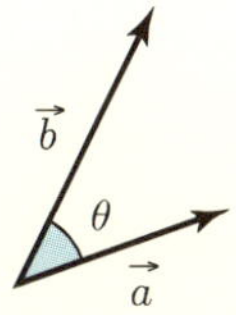

図 1.9

Point !
$\vec{a}$, $\vec{b}$ が平行
$\Leftrightarrow \theta = 0°, 180°$
$\Leftrightarrow \vec{a}\cdot\vec{b} = \pm|\vec{a}||\vec{b}|$.
$\vec{a}$, $\vec{b}$ が垂直
$\Leftrightarrow \theta = 90°$
$\Leftrightarrow \vec{a}\cdot\vec{b} = 0$.

内積　ベクトル $\vec{a}$, $\vec{b}$ ($\vec{a}$, $\vec{b} \neq \vec{0}$)を任意にとる．$\vec{b}$ を平行移動して，$\vec{a}$ と $\vec{b}$ の始点が一致するようにして，$\vec{a}$ と $\vec{b}$ の間の角度を θ ($0 \leqq \theta \leqq 180°$)とする．$\vec{a}$ と $\vec{b}$ に実数

$$\vec{a}\cdot\vec{b} = |\vec{a}||\vec{b}|\cos\theta$$

を対応させ，これを $\vec{a}$ と $\vec{b}$ の**内積**という(図 1.9)．ここで，$|\vec{a}|$, $|\vec{b}|$ は，それぞれベクトル $\vec{a}$ および $\vec{b}$ の長さである．

$\vec{a}=\vec{0}$ あるいは $\vec{b}=\vec{0}$ のときには，$\vec{a}\cdot\vec{b}=0$ と定義する．

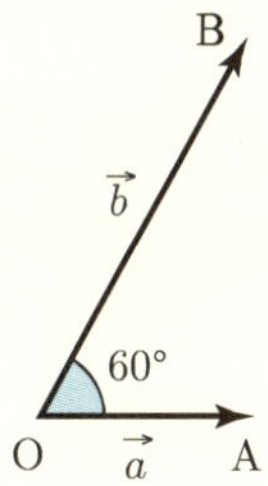

図 1.10

内積とベクトルの長さ　$\vec{a}$ と自分自身の間の角度は $\theta=0°$ である．したがって，$\cos\theta=\cos 0°=1$ であるから，次の関係がわかる．

$$\vec{a}\cdot\vec{a} = |\vec{a}||\vec{a}|\cos\theta = |\vec{a}|^2$$

▶ **例 2**　△OAB が OA=1, OB=2 で∠OAB が直角である直角三角形のときに，$\vec{a}=\overrightarrow{OA}$, $\vec{b}=\overrightarrow{OB}$ とおくと，$\vec{a}$ と $\vec{b}$ の間の角度は 60° なので

$$\vec{a}\cdot\vec{b} = |\vec{a}||\vec{b}|\cos 60° = 1\times 2\times\frac{1}{2} = 1$$

となる(図 1.10).

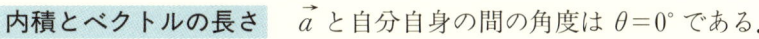

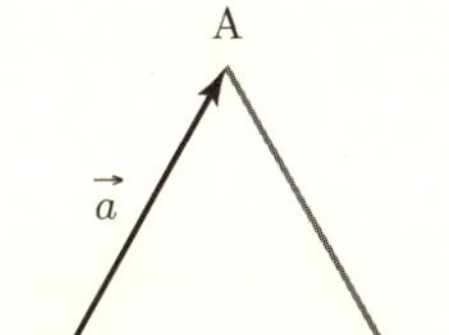

図 1.11

練習 1.2　△ABC は各辺が 1 である正三角形であるとする．$\vec{a}=\overrightarrow{BA}$, $\vec{b}=\overrightarrow{BC}$ とおくとき，内積 $\vec{a}\cdot\vec{b}$ を求めよ(図 1.11).

原点と位置ベクトル　平面上に１点Ｏをとり，その点Ｏを原点という．任意の点Ｐに対して，$\overrightarrow{\mathrm{OP}}$ をとると，平面上の任意の点Ｐはベクトルの全体 $\overrightarrow{\mathrm{OP}}$ と対応する．このベクトル $\overrightarrow{\mathrm{OP}}$ を，Ｏを原点とする位置ベクトルという．

ベクトルが図形の問題を解くのに，非常に有効な手段であることを理解するため，それを示す例を，１つだけ述べる．

▶ **例 3**　△ABC の辺 BC の中点を M とするとき

$$\mathrm{AB}^2+\mathrm{AC}^2 = 2(\mathrm{AM}^2+\mathrm{BM}^2)$$

が成り立つことをベクトルを用いて示す(図 1.12)．

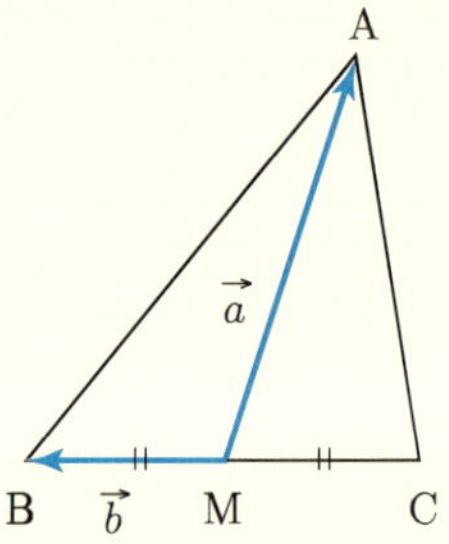

図 1.12

Ｍを原点と考えたときの，ＡとＢの位置ベクトルを

$$\vec{a} = \overrightarrow{\mathrm{MA}}, \qquad \vec{b} = \overrightarrow{\mathrm{MB}}$$

とおく．Ｃの位置ベクトルは $-\vec{b}$ であるから

$$\overrightarrow{\mathrm{AB}} = \overrightarrow{\mathrm{AM}}+\overrightarrow{\mathrm{MB}} = -\vec{a}+\vec{b},$$
$$\overrightarrow{\mathrm{AC}} = \overrightarrow{\mathrm{AM}}+\overrightarrow{\mathrm{MC}} = -\vec{a}-\vec{b}$$

となる．よって

$$\begin{aligned}\mathrm{AB}^2 &= |\overrightarrow{\mathrm{AB}}|^2 = (-\vec{a}+\vec{b})\cdot(-\vec{a}+\vec{b})\\ &= |\vec{a}|^2-2\vec{a}\cdot\vec{b}+|\vec{b}|^2,\\ \mathrm{AC}^2 &= |\overrightarrow{\mathrm{AC}}|^2 = (-\vec{a}-\vec{b})\cdot(-\vec{a}-\vec{b})\\ &= |\vec{a}|^2+2\vec{a}\cdot\vec{b}+|\vec{b}|^2\end{aligned}$$

がわかる．したがって

$$\mathrm{AB}^2+\mathrm{AC}^2 = 2(|\vec{a}|^2+|\vec{b}|^2) = 2(\mathrm{MA}^2+\mathrm{MB}^2)$$

が示される．

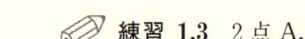

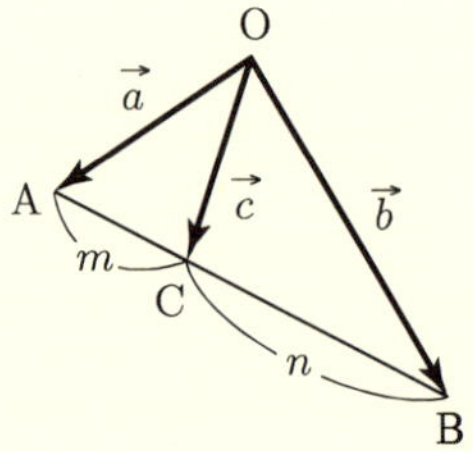

図 1.13

練習 1.3　２点 A, B を結ぶ線分 AB を $m:n$ に内分する点を，点Ｃとする．A, B の位置ベクトルを $\vec{a}$, $\vec{b}$ とすると，Ｃの位置ベクトル $\vec{c}$ は

$$\vec{c} = \frac{n\vec{a}+m\vec{b}}{m+n}$$

と表されることを示せ(図 1.13)．

問題 1.1

略解 p. 91

1. 図 1.14 で与えたベクトル $\vec{a}$ と $\vec{b}$ に対して，次のベクトルを図示せよ．

（1） $\vec{a}+2\vec{b}$　　（2） $\vec{a}-2\vec{b}$

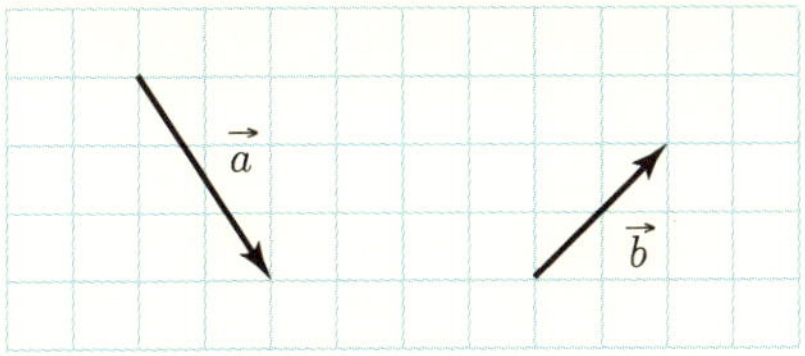

図 1.14

2. △OAB は OA＝1，OB＝2，∠AOB＝120° であるとする．辺 AB の 3 等分点を M, N とするとき，$\overrightarrow{\mathrm{OM}}$，$\overrightarrow{\mathrm{ON}}$ の内積を計算せよ(図 1.15)．

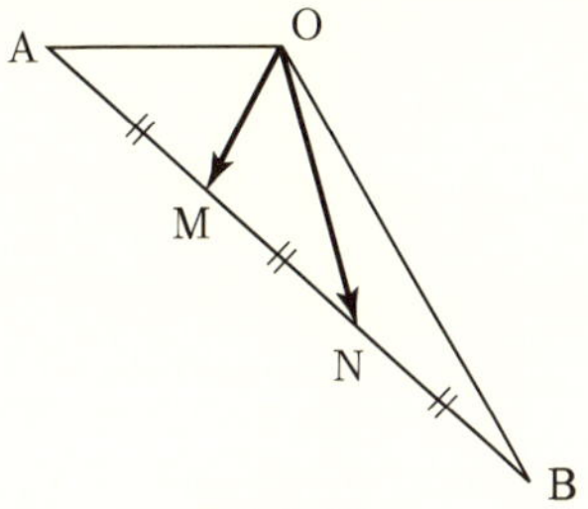

図 1.15

3. 三角形 ABC の頂点 A, B, C の位置ベクトルをそれぞれ $\vec{a}$, $\vec{b}$, $\vec{c}$ とするとき，重心 G の位置ベクトル $\vec{g}$ は

$$\vec{g} = \frac{\vec{a}+\vec{b}+\vec{c}}{3}$$

となることを示せ(図 1.16)．

4. △ABC の 3 頂点から，それぞれの対辺に下ろした垂線は 1 点で交わることを示せ(図 1.17)．

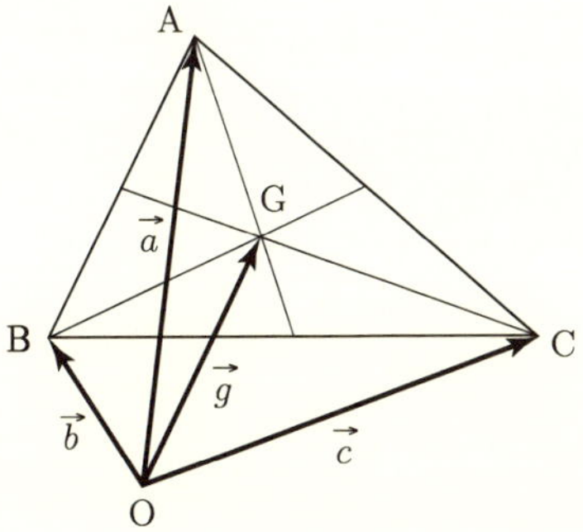

図 1.16

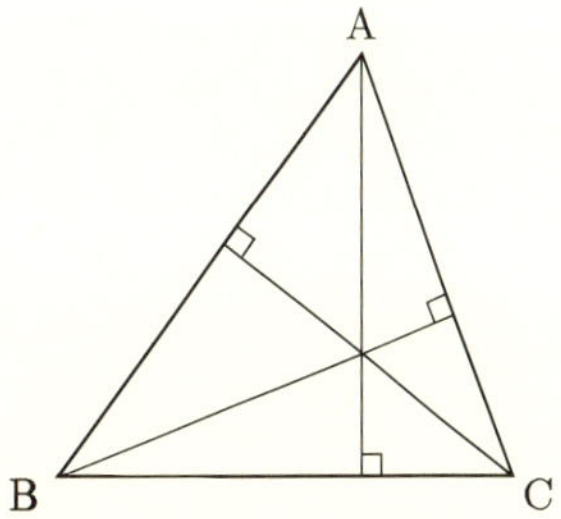

図 1.17

1.2 行　列

行列は表を抽象化したもので，連立 1 次方程式を理論的に述べるために役立つ.

行列の定義　$m \times n$ 個の数 a_{ij} $(i=1, \cdots, m;\ j=1, \cdots, n)$ を長方形に並べて［　］や（　）でくくったものを

$$\boldsymbol{m \times n}\ \textbf{行列}, \qquad \text{あるいは} \qquad \boldsymbol{m}\ \textbf{行}\ \boldsymbol{n}\ \textbf{列の行列}$$

といい，$\boldsymbol{m \times n}$ を**行列の型**という．行列は $A, B, \cdots$ のように大文字で表す．本書では，行列は［　］で囲って表すことにする.

▶ **例 4**　$\begin{bmatrix} 2 & 3 \\ -1 & 5 \end{bmatrix}$ は 2×2 行列である.

▶ **例 5**　$\begin{bmatrix} 2 & 1 & 1 \\ 1 & 1 & 2 \end{bmatrix}$ は，家族構成を示す表 1.1 を抽象化したものである.

表 1.1

	大人	学生	子供
佐藤	2	1	1
田中	1	1	2

行列の行と列と (i, j) 成分　行列 A の横の並びを A の**行**といい，上から順に第 1 行, 第 2 行, $\cdots$, 第 m 行という.

行列 A の縦の並びを A の**列**といい，左から順に第 1 列, 第 2 列, $\cdots$, 第 n 列という.

第 i 行と第 j 行に含まれる数 a_{ij} を行列 A の **(i, j) 成分**という．a_{ij} を成分にもつ $m \times n$ 行列 A は

$$A = [\,a_{ij}\,], \qquad \text{あるいは} \qquad A = [\,a_{ij}\,]_{m \times n}$$

と略記することもある.

練習 1.4　$A=\begin{bmatrix} 1 & 2 & 1 \\ -1 & 1 & 0 \end{bmatrix}$ の型をいえ．また，行列 A の第 2 行, 第 3 列，$(2, 3)$ 成分をいえ.

▶ **例 6**　3×4 行列を 1 つ具体的に書いてみる．このとき，$m=3$, $n=4$ である．

$$A=\begin{bmatrix} 1 & -2 & 5 & 7 \\ -3 & 1 & 0 & -6 \\ 2 & -5 & -4 & 5 \end{bmatrix}\begin{matrix} \leftarrow \text{第 1 行} \\ \leftarrow \text{第 2 行} \\ \leftarrow \text{第 3 行} \end{matrix}$$

（上から順に 第1列，第2列，第3列，第4列 ↓）

この行列 A の第 2 行は $[-3 \quad 1 \quad 0 \quad -6]$．$A$ の第 3 列は $\begin{bmatrix} 5 \\ 0 \\ -4 \end{bmatrix}$.

$(1,4)$成分は 7，$(3,2)$成分は -5 である．

零行列　すべての成分が 0 であるような $m\times n$ 行列を**零行列**といい，O と書く．

▶ **例 7**　型が 2×3 である零行列は $O=\begin{bmatrix} 0 & 0 & 0 \\ 0 & 0 & 0 \end{bmatrix}$ である．

正方行列　行と列の個数が等しく n となる行列を，n 次**正方行列**という．

▶ **例 8**　$\begin{bmatrix} 1 & 2 \\ 3 & 4 \end{bmatrix}$ は 2 次正方行列である．

対角行列　n 次正方行列 $A=\begin{bmatrix} a_{11} & \cdots & a_{1n} \\ \vdots & \cdots & \vdots \\ a_{n1} & \cdots & a_{nn} \end{bmatrix}$ の左上から右下への対角線を**主対角線**といい，主対角線上の成分 $a_{11}, \cdots, a_{nn}$ を A の**対角成分**という．対角成分以外はすべて 0 である正方行列を**対角行列**という．

▶ **例 9**　$\begin{bmatrix} 2 & 0 & 0 \\ 0 & 3 & 0 \\ 0 & 0 & 4 \end{bmatrix}$, $\begin{bmatrix} 1 & 0 & 0 \\ 0 & 0 & 0 \\ 0 & 0 & -3 \end{bmatrix}$ は（3 次）対角行列である．

練習 1.5　対角行列 $A=\begin{bmatrix} 2 & 0 & 0 \\ 0 & 0 & 0 \\ 0 & 0 & -1 \end{bmatrix}$ の対角成分をいえ．

スカラー行列，単位行列　対角成分がすべて等しい対角行列を，スカラー行列という．零行列 O はスカラー行列である．

また，対角成分がすべて 1 であるスカラー行列を単位行列といい，E と書き表す．

▶ **例 10** $\begin{bmatrix} 1 & 0 & 0 \\ 0 & 1 & 0 \\ 0 & 0 & 1 \end{bmatrix}$ $(=E)$ は（3 次）単位行列である．

$\begin{bmatrix} 3 & 0 & 0 \\ 0 & 3 & 0 \\ 0 & 0 & 3 \end{bmatrix}$ は（3 次）スカラー行列である．

次の 2 つの表は項目を取り替えただけで，表の内容は同じである．しかし，行列では区別して考える．

表 1.2

	大人	学生	子供
佐藤	2	1	1
田中	1	1	2

表 1.3

	佐藤	田中
大人	2	1
学生	1	1
子供	1	2

転置行列と対称行列　表 1.2 と表 1.3 に対応する行列のように，行列 A の行と列を入れ替えたものを，行列 A の転置行列といい，${}^tA$ と書く．

Point !
転置行列ともとの行列は，表の内容としては同じでも，異なる行列と考える．

また，正方行列 A が $A={}^tA$ をみたすとき，つまり行列の成分が主対角線に関して線対称な正方行列を対称行列という．

▶ **例 11**　$A=\begin{bmatrix} 1 & 2 & 3 \\ 5 & 6 & 7 \end{bmatrix}$ のとき，A の転置行列は ${}^tA=\begin{bmatrix} 1 & 5 \\ 2 & 6 \\ 3 & 7 \end{bmatrix}$.

▶ **例 12**　$A=\begin{bmatrix} 2 & 3 \\ 3 & -5 \end{bmatrix}$ は 2 次対称行列である．

練習 1.6　行列 $A=\begin{bmatrix} 2 & 0 & 3 \\ 2 & 1 & -1 \end{bmatrix}$ の転置行列を書け．

行列の和と差　行列の和および差は，行列 A と B の型が等しいときにのみ定義される．A, B は型が等しい行列とする．

Point !
行列 A, B の和，差が定義されるためには，A と B が一致していることが必要である．

和　A と B の各(i,j)成分の和を(i,j)成分にもつ行列を，A と B の和といい，$A+B$ と書く．

差　A と B の各(i,j)成分の差を(i,j)成分にもつ行列を，A と B の差といい，$A-B$ と書く．

▶ **例 13**
$$\begin{bmatrix} 1 & -1 & 2 \\ 2 & 6 & 3 \end{bmatrix}+\begin{bmatrix} 2 & 2 & 3 \\ 1 & -3 & 4 \end{bmatrix}=\begin{bmatrix} 1+2 & -1+2 & 2+3 \\ 2+1 & 6+(-3) & 3+4 \end{bmatrix}=\begin{bmatrix} 3 & 1 & 5 \\ 3 & 3 & 7 \end{bmatrix}.$$

▶ **例 14**
$$\begin{bmatrix} 3 & 1 \\ -2 & 4 \\ 7 & 3 \end{bmatrix}-\begin{bmatrix} 2 & -2 \\ 1 & 3 \\ 7 & 1 \end{bmatrix}=\begin{bmatrix} 3-2 & 1-(-2) \\ -2-1 & 4-3 \\ 7-7 & 3-1 \end{bmatrix}=\begin{bmatrix} 1 & 3 \\ -3 & 1 \\ 0 & 2 \end{bmatrix}.$$

行列のスカラー倍　行列やベクトルに対して，数のことをスカラーという．すなわち，A が行列で c が数(スカラー)のとき，A の c 倍 cA を **A の各成分を c 倍する**ことで定義する．

Point !
行列のスカラー倍は常に定義される．

▶ **例 15**
$$2\begin{bmatrix} 2 & 1 \\ 3 & 5 \end{bmatrix}=\begin{bmatrix} 2\cdot 2 & 2\cdot 1 \\ 2\cdot 3 & 2\cdot 5 \end{bmatrix}=\begin{bmatrix} 4 & 2 \\ 6 & 10 \end{bmatrix}.$$

また，スカラー行列は
$$\begin{bmatrix} c & 0 \\ 0 & c \end{bmatrix}=c\begin{bmatrix} 1 & 0 \\ 0 & 1 \end{bmatrix}=cE$$
と書ける．

練習 1.7　次の行列の和と差を計算せよ．

（1） $\begin{bmatrix} 2 & -1 & 1 \\ 3 & 0 & 2 \end{bmatrix}+\begin{bmatrix} 4 & 1 & 5 \\ 1 & 2 & -3 \end{bmatrix}$

（2） $\begin{bmatrix} 4 & -2 & 2 \\ 1 & 1 & 0 \end{bmatrix}-\begin{bmatrix} 2 & 1 & 3 \\ 0 & 1 & -1 \end{bmatrix}$

n 次行ベクトル，m 次列ベクトル　$1\times n$ 行列を n 次行ベクトルといい，$m\times 1$ 行列を m 次列ベクトルという．

Point !
列ベクトルはベクトル空間を考える際に重要である(p. 56).

▶ **例 16**　$\begin{bmatrix} 2 & -1 & 3 \end{bmatrix}$ は 3 次行ベクトルである．

n 次行ベクトルと n 列ベクトルの積　n 次行ベクトルと n 次列ベクトルの積を，例えば 3 次行ベクトル $\begin{bmatrix} a_1 & a_2 & a_3 \end{bmatrix}$ と 3 次列ベクトル $\begin{bmatrix} b_1 \\ b_2 \\ b_3 \end{bmatrix}$ の積は

$$\begin{bmatrix} a_1 & a_2 & a_3 \end{bmatrix}\begin{bmatrix} b_1 \\ b_2 \\ b_3 \end{bmatrix} = a_1b_1 + a_2b_2 + a_3b_3$$

と定める．一般の n についても同様である．

▶ **例 17**　$\begin{bmatrix} 2 & -1 & 3 \end{bmatrix}\begin{bmatrix} 1 \\ 3 \\ -2 \end{bmatrix} = 2\cdot 1 + (-1)\cdot 3 + 3\cdot(-2) = -7.$

行列の積　すべての行列 A と B に積 AB が定義されるわけではない．行列の積 AB は

$$A \text{ の列の個数} = B \text{ の行の個数}$$

のときにのみ定義される．A が $m\times n$ 行列，B が $n\times r$ 行列のときに，積 AB は $m\times r$ 行列である．$A=[a_{ij}]_{m\times n}$，$B=[b_{jk}]_{n\times r}$ の積 AB は，次のように表される行列である．

Point !
行列の積は A, B の型を
$m\times \boldsymbol{n}$，　$\boldsymbol{n}\times r$
としたとき，内側の数が等しい場合にのみ，積が定義される．

$$AB = [c_{ik}]_{m\times r}, \qquad c_{ik} = a_{i1}b_{1k} + a_{i2}b_{2k} + \cdots + a_{in}b_{nk}$$
$$= \begin{bmatrix} a_{i1} & a_{i2} & \cdots & a_{in} \end{bmatrix}\begin{bmatrix} b_{1k} \\ b_{2k} \\ \vdots \\ b_{nk} \end{bmatrix}.$$

▶ **例 18**　$AB = \begin{bmatrix} 1 & 2 & -2 \\ 2 & -5 & -3 \end{bmatrix}\begin{bmatrix} 2 & 3 & 2 \\ -1 & 2 & 1 \\ 2 & -3 & 1 \end{bmatrix} = \begin{bmatrix} -4 & 13 & 2 \\ 3 & 5 & -4 \end{bmatrix}.$

練習 1.8　次の行列の積を計算せよ．

$$\begin{bmatrix} 2 & -1 \\ 3 & 4 \end{bmatrix}\begin{bmatrix} 1 & -3 & 2 \\ 1 & 0 & 2 \end{bmatrix}$$

▶ **例 19**　行列の積の定義は人為的な定義である感じがするが，実は表の積であると考えると自然である．2 家族(佐藤，田中)が遠足に行くとして，その 2 家族の構成を示した表 1.4 と，1 人の費用を示した表 1.5 である．

表 1.4

	大人	学生	子供
佐藤	2	1	1
田中	1	1	2

表 1.5

	交通費	昼食代
大人	1000	600
学生	700	500
子供	500	400

この表 1.4 と表 1.5 から，各家族が負担する費用を計算したのが，次の表 1.6 である．

表 1.6

	交通費	昼食代
佐藤	3200	2100
田中	2700	1900

このとき，表 1.4，表 1.5，表 1.6 に対応する行列をそれぞれ A, B, C とする．すなわち

$$A = \begin{bmatrix} 2 & 1 & 1 \\ 1 & 1 & 2 \end{bmatrix}, \quad B = \begin{bmatrix} 1000 & 600 \\ 700 & 500 \\ 500 & 400 \end{bmatrix}, \quad C = \begin{bmatrix} 3200 & 2100 \\ 2700 & 1900 \end{bmatrix}.$$

Point !
行列の積は，表の積と考えると自然である．

表 1.4 と表 1.5 から表 1.6 を計算する．例えば，田中家の交通費なら

$$1 \times 1000 + 1 \times 700 + 2 \times 500 = 2700$$

と計算される．これを言い換えると

$$\begin{bmatrix} 1 & 1 & 2 \end{bmatrix} \begin{bmatrix} 1000 \\ 700 \\ 500 \end{bmatrix} = 2700$$

となる．これは，他の項目についても同様である．すなわち

$$AB = \begin{bmatrix} 2 & 1 & 1 \\ 1 & 1 & 2 \end{bmatrix} \begin{bmatrix} 1000 & 600 \\ 700 & 500 \\ 500 & 400 \end{bmatrix} = \begin{bmatrix} 3200 & 2100 \\ 2700 & 1900 \end{bmatrix}$$

が成り立ち，行列の積の定義が自然なものであることがわかる．

数ベクトルと零ベクトル　行ベクトルと列ベクトルを合わせて数ベクトルという．列ベクトルを普通は $\boldsymbol{a}, \boldsymbol{b}$ などと表す．

数ベクトルで，成分がすべて 0 であるものを零ベクトルという．特に，行ベクトルまたは列ベクトルであることを強調したいときには，行零ベクトルあるいは列零ベクトルという．普通，列零ベクトルは $\boldsymbol{0}$ と表す．したがって，行零ベクトルは ${}^t\boldsymbol{0}$ と書ける．

▶ **例 20**　次の行列 A, B, C のうち，積が定義される組合せをすべて求めて，その組合せの積を計算する．

$$A = \begin{bmatrix} 1 & 1 & -1 \\ 1 & 0 & 2 \end{bmatrix}, \quad B = \begin{bmatrix} 1 \\ 3 \end{bmatrix}, \quad C = \begin{bmatrix} 1 & 2 \end{bmatrix}.$$

積が可能なのは $BC = \begin{bmatrix} 1 & 2 \\ 3 & 6 \end{bmatrix}$，$CA = \begin{bmatrix} 3 & 1 & 3 \end{bmatrix}$，$CB = \begin{bmatrix} 7 \end{bmatrix}$ の 3 個の組合せのみである．

行列の演算に関する性質　行列の和と積に関する演算は，実数の場合と同様の性質をもつ．この性質は下記に述べる．実数との違いは

Point !
行列の演算は (1)，(2) を除くと，後は実数の演算と同様である．

（1）　行列の和，差，積は A と B の型によって，定義されないこともある（例 20 参照）．

（2）　行列 A と B の積が定義されるとしても，$AB = BA$ であるとは限らない．例えば $A = \begin{bmatrix} 1 & 2 \\ 3 & 2 \end{bmatrix}$，$B = \begin{bmatrix} 1 & -1 \\ 2 & 0 \end{bmatrix}$ とおくと

$$AB = \begin{bmatrix} 5 & -1 \\ 7 & -3 \end{bmatrix} \neq BA = \begin{bmatrix} -2 & 0 \\ 2 & 4 \end{bmatrix}.$$

行列の演算の性質

A, B, C：行列，O：零行列，$a, b \in \boldsymbol{R}$ とする．

和の性質

$A+B = B+A$，$A+O = O+A = A$，

$(A+B)+C = A+(B+C)$．

積の性質

$AE = EA = A$，$AO = O$，$OA = O$，

$(AB)C = A(BC)$．

スカラー倍

$0A = O$，$1A = A$，

$(aB)A = a(BA)$，

$(aA)B = a(AB)$．

分配律

$a(A+B) = aA+aB$，

$(a+b)A = aA+bA$，

$A(B+C) = AB+AC$，

$(A+B)C = AC+BC$．

行列の可換性　AB と BA がともに定義されて

$$AB = BA$$

が成り立つときに，行列 A と B は可換であるという．

▶ **例 21**　行列 $A = \begin{bmatrix} 1 & 2 \\ 3 & 2 \end{bmatrix}$，$B = \begin{bmatrix} 1 & -1 \\ 2 & 0 \end{bmatrix}$ は可換な行列ではない．

正方行列のべき乗　正方行列 A に対して

$$A^r = \underbrace{AA\cdots A}_{r\text{ 個}}$$

と定義する．

行列の和，積と転置行列　行列の和，積の転置行列は，次の 2 つの性質をみたす．

$${}^t(A+B) = {}^tA + {}^tB, \quad {}^t(AB) = {}^tB\,{}^tA.$$

行列の列ベクトル表示　応用上重要な，行列 A の列ベクトルを用いた表示を述べる．$m \times n$ 行列 $A = [\,a_{ij}\,]$ を A の列を列ベクトルと考え，列ベクトル

$$\boldsymbol{a}_1 = \begin{bmatrix} a_{11} \\ \vdots \\ a_{m1} \end{bmatrix}, \quad \cdots, \quad \boldsymbol{a}_n = \begin{bmatrix} a_{1n} \\ \vdots \\ a_{mn} \end{bmatrix}$$

を用いて，$A = [\,\boldsymbol{a}_1 \ \cdots \ \boldsymbol{a}_n\,]$ と表し，行列 A の列ベクトル表示という．

Point !
行列の列ベクトル表示は，簡単であるが，行列を視覚的にとらえるのに重要である．

▶ **例 22**　$A = \begin{bmatrix} 1 & -1 & 2 \\ 3 & 2 & -4 \\ -1 & 2 & 3 \end{bmatrix}$ ならば，行列 A の列ベクトル表示は

$$A = [\,\boldsymbol{a}_1 \ \ \boldsymbol{a}_2 \ \ \boldsymbol{a}_3\,] \qquad \left(\boldsymbol{a}_1 = \begin{bmatrix} 1 \\ 3 \\ -1 \end{bmatrix}, \ \boldsymbol{a}_2 = \begin{bmatrix} -1 \\ 2 \\ 2 \end{bmatrix}, \ \boldsymbol{a}_3 = \begin{bmatrix} 2 \\ -4 \\ 3 \end{bmatrix} \right)$$

である．

練習 1.9　$A = \begin{bmatrix} 2 & 4 & -1 \\ 0 & 1 & 2 \end{bmatrix}$ とする．$A = [\,\boldsymbol{a}_1 \ \ \boldsymbol{a}_2 \ \ \boldsymbol{a}_3\,]$ と行列 A を列ベクトル表示するとき，列ベクトル $\boldsymbol{a}_2$ をいえ．

次の行列の積と列ベクトル表示が成り立つことが，定義より直ちに確かめられる．

Point !
定理1.1は，定理2.5の証明(p. 34)，定理4.9の証明(p. 77)などに用いられる．

定理 1.1　　**行列の積と列ベクトル表示**

$n\times l$ 行列 B が $B=[\boldsymbol{b}_1 \ \cdots \ \boldsymbol{b}_l]$ と列ベクトル表示されるならば，$m\times n$ 行列 A に対して AB は

$$AB=[A\boldsymbol{b}_1 \ \cdots \ A\boldsymbol{b}_l]$$

と列ベクトル表示される．

▶ **例 23**　A を 2×3 行列，$B=\begin{bmatrix} 1 & -1 & 2 \\ 0 & 1 & 3 \\ -1 & 0 & -4 \end{bmatrix}$ とすると

$$AB=\left[A\begin{bmatrix} 1 \\ 0 \\ -1 \end{bmatrix} \ A\begin{bmatrix} -1 \\ 1 \\ 0 \end{bmatrix} \ A\begin{bmatrix} 2 \\ 3 \\ -4 \end{bmatrix}\right]$$

と書き表される．

Point !
1次結合は線形代数において基本的な概念である．
列ベクトルの1次結合は，4章では，一般のベクトルの1次結合に拡張される(p. 58)．

列ベクトルの1次結合　列ベクトル $\boldsymbol{a}$ が r 個の列ベクトル $\boldsymbol{a}_1, \cdots, \boldsymbol{a}_r$ の1次結合で表されるとは

$$\boldsymbol{a}=c_1\boldsymbol{a}_1+\cdots+c_r\boldsymbol{a}_r \qquad (c_i\in \boldsymbol{R})$$

をみたす実数 c_i $(i=1, \cdots, r)$が存在するときにいい，この $\boldsymbol{a}$ の表示を $\boldsymbol{a}_1, \cdots, \boldsymbol{a}_r$ の**1次結合**という．

▶ **例 24**　列ベクトル $\begin{bmatrix} 2 \\ -3 \end{bmatrix}$ は

$$\begin{bmatrix} 2 \\ -3 \end{bmatrix}=2\begin{bmatrix} 1 \\ 0 \end{bmatrix}-3\begin{bmatrix} 0 \\ 1 \end{bmatrix} \quad と \quad \begin{bmatrix} 1 \\ 0 \end{bmatrix}, \begin{bmatrix} 0 \\ 1 \end{bmatrix}$$

の1次結合で表される．

練習 1.10　列ベクトル $\begin{bmatrix} 3 \\ 1 \\ -1 \end{bmatrix}$ を $\boldsymbol{a}_1=\begin{bmatrix} 1 \\ 1 \\ 1 \end{bmatrix}$，$\boldsymbol{a}_2=\begin{bmatrix} 1 \\ 1 \\ 0 \end{bmatrix}$，$\boldsymbol{a}_3=\begin{bmatrix} 1 \\ 0 \\ 0 \end{bmatrix}$ の1次結合で表せ．

問題 1.2

略解 p. 93

1. 行列 $A=\begin{bmatrix} 2 & -3 & 4 & -1 \\ 0 & 1 & -2 & -5 \end{bmatrix}$ に対して答えよ．

（1） 行列の型をいえ．　（2） 第 1 行，第 2 行をいえ．

（3） 第 2 列，第 4 列をいえ．　（4） (2, 3)成分，(1, 4)成分をいえ．

2. $A=\begin{bmatrix} 2 & 1 & 2 \\ 3 & 1 & -2 \end{bmatrix}$, $B=\begin{bmatrix} -1 & 3 \\ 3 & 5 \\ 2 & 1 \end{bmatrix}$ の転置行列を書け．

3. 次の行列の和または差を計算せよ．

（1） $\begin{bmatrix} 1 & -3 \\ 3 & 5 \\ 1 & 2 \end{bmatrix}+2\begin{bmatrix} -2 & 2 \\ 3 & 3 \\ 3 & -2 \end{bmatrix}$　（2） $\begin{bmatrix} 2 & 0 \\ 5 & 1 \\ 7 & -1 \end{bmatrix}-\begin{bmatrix} 1 & 3 \\ 3 & 2 \\ 1 & -3 \end{bmatrix}$

（3） $\begin{bmatrix} 2 & -3 & 1 \\ -1 & 5 & -4 \end{bmatrix}-\begin{bmatrix} 1 & 5 & -2 \\ 2 & 4 & 3 \end{bmatrix}$

4. 次の行列の積 AB を計算せよ．

（1） $A=\begin{bmatrix} 1 & -1 & 3 \\ 1 & 2 & -1 \end{bmatrix}$,　$B=\begin{bmatrix} 2 & 1 \\ -3 & 2 \\ 0 & -1 \end{bmatrix}$

（2） $A=\begin{bmatrix} 2 & -1 \\ 2 & 2 \\ 1 & 2 \end{bmatrix}$,　$B=\begin{bmatrix} -1 & 2 \\ 3 & -1 \end{bmatrix}$

5. $A=\begin{bmatrix} 2 & 1 \\ -1 & 5 \end{bmatrix}$, $B=\begin{bmatrix} 1 & 3 \\ 2 & 1 \end{bmatrix}$ とする．行列の積 ${}^t(AB)$ および ${}^tB\,{}^tA$ を計算し，${}^t(AB)={}^tB\,{}^tA$ を確かめよ．

6. 次のベクトル $\boldsymbol{b}$ を，ベクトル $\boldsymbol{a}_1, \boldsymbol{a}_2$ の 1 次結合で表せ．

（1） $\boldsymbol{b}=\begin{bmatrix} 2 \\ 1 \end{bmatrix}$,　$\boldsymbol{a}_1=\begin{bmatrix} 1 \\ 1 \end{bmatrix}$, $\boldsymbol{a}_2=\begin{bmatrix} 1 \\ -1 \end{bmatrix}$

（2） $\boldsymbol{b}=\begin{bmatrix} 2 \\ 3 \end{bmatrix}$,　$\boldsymbol{a}_1=\begin{bmatrix} 1 \\ 2 \end{bmatrix}$, $\boldsymbol{a}_2=\begin{bmatrix} 2 \\ -1 \end{bmatrix}$

2 連立1次方程式

2.1 連立1次方程式と行列

Point !
行列の方程式も，連立1次方程式と考える．

行列の方程式 行列の方程式

(＊)
$$\begin{bmatrix} 1 & 3 \\ 2 & -1 \end{bmatrix}\begin{bmatrix} x \\ y \end{bmatrix} = \begin{bmatrix} 10 \\ -1 \end{bmatrix}$$

の左辺は $\begin{bmatrix} x+3y \\ 2x-y \end{bmatrix}$ と書けるので，この行列の方程式は，連立1次方程式

(＊＊)
$$\begin{cases} x+3y = 10 \\ 2x-y = -1 \end{cases}$$

と同じものと考えられる．したがって，(＊)と(＊＊)の2つの方程式は同一視し，いずれも連立1次方程式とよぶ．

係数行列と拡大係数行列 この方程式の係数のなす行列

$$\begin{bmatrix} 1 & 3 \\ 2 & -1 \end{bmatrix}$$

を係数行列といい，横に $\begin{bmatrix} 10 \\ -1 \end{bmatrix}$ をつけ加えた行列

$$\left[\begin{array}{cc:c} 1 & 3 & 10 \\ 2 & -1 & -1 \end{array}\right]$$

を拡大係数行列という．

Point !
拡大係数行列の縦の破線は，行列を見やすくするための便宜的なものである．

練習 2.1 $\begin{bmatrix} 3 & 1 \\ -1 & 2 \end{bmatrix}\begin{bmatrix} x \\ y \end{bmatrix} = \begin{bmatrix} 4 \\ 1 \end{bmatrix}$ の係数行列と拡大係数行列を求めよ．

中学時代に戻って，次の連立1次方程式(I)を解いてみる．

$$
(\mathrm{I})\ \begin{cases} \boldsymbol{2x} + y = 3 & ①-②\times 2 \\ x - 3y = 5 \end{cases}
$$

$\Downarrow$

$$
(\mathrm{II})\ \begin{cases} \boldsymbol{7y} = -7 & ①\div 7 \\ x - 3y = 5 \end{cases}
$$

$\Downarrow$

$$
(\mathrm{III})\ \begin{cases} y = -1 \\ x - \boldsymbol{3y} = 5 & ②+①\times 3 \end{cases}
$$

$\Downarrow$

$$
(\mathrm{IV})\ \begin{cases} y = -1 & ①\leftrightarrow ② \\ x = 2 \end{cases}
$$

$\Downarrow$

$$
(\mathrm{V})\ \begin{cases} x = 2 \\ y = -1 \end{cases}
$$

Point !
ここで用いる式の変形は，次に述べている3つの基本変形である．式の代入は用いていない．

ここで，①，②は，連立1次方程式の第1式，第2式である．①－②×3は第1式から第2式の3倍を減じることを，①↔②は第1式と第2式を取り替えることを，いずれも意味する．

連立1次方程式の基本変形　上の連立1次方程式(I)を解くのに行った変形は，次の3つである．これを**連立1次方程式の基本変形**という．

（1）　1つの式を何倍か($\neq 0$ 倍)する，あるいは割る．　(II)⇒(III)

（2）　2つの式を入れ替える．　(IV)⇒(V)

（3）　1つの式に他の式の何倍かを加える，あるいは減じる．
(I)⇒(II)，(III)⇒(IV)

Point !
基本変形が可逆であることが，連立1次方程式を解く際に重要である．

連立1次方程式を**基本変形で解く利点**は，基本変形のそれぞれの変形が**可逆**な(基本変形で逆にたどれる)ことである．よって，(I)～(V)のいずれの方程式も同じ解をもち，(V)で得られる解は(I)の方程式をみたす．したがって，得られた解がもとの方程式をみたすかどうか確かめる必要はない．連立1次方程式を基本変形で解く方法は**ガウスの掃き出し法**ともよばれる．

練習 2.2　基本変形が可逆であることを，上の例について示せ．
(基本変形で(V)⇒(IV)⇒(III)⇒(II)⇒(I)を示す．)

前ページで行った連立1次方程式の基本変形と同じことを，行列に対して行う．

行列の基本変形 次の3つの行列の変形を**基本変形**，または**行基本変形**という．

（1） 1つの行を何倍か（≠0倍）する，あるいは割る．

（2） 2つの行を入れ替える．

（3） 1つの行に他の行の何倍かを加える，あるいは減じる．

▶ **例 1** 前ページの連立1次方程式を

$$\begin{bmatrix} 2 & 1 \\ 1 & -3 \end{bmatrix}\begin{bmatrix} x \\ y \end{bmatrix}=\begin{bmatrix} 3 \\ 5 \end{bmatrix}$$

と表し，拡大係数行列の基本変形を用いて解く．拡大係数行列は

$$\left[\begin{array}{cc|c} 2 & 1 & 3 \\ 1 & -3 & 5 \end{array}\right]$$

となる．拡大係数行列の基本変形を行うときには，以下のように略記して，行列を縦に書くのがわかりやすい．ここで，①, ②は，行列の第1行，第2行を意味する．

Point !
「行列の基本変形」と「連立1次方程式の基本変形」(p. 18)を比較してみよ．

2	1	3	①−②×2	(1, 1)成分2を0にしたい
1	−3	5		
0	7	−7	①÷7	(1, 2)成分の7を1にしたい
1	−3	5		
0	1	−1		
1	−3	5	②+①×3	(2, 2)成分の−3を0にしたい
0	1	−1	①↔②	①, ②を入れ替えたい
1	0	2		
1	0	2		
0	1	−1		

(答) 連立1次方程式の解は

$$\begin{bmatrix} x \\ y \end{bmatrix}=\begin{bmatrix} 2 \\ -1 \end{bmatrix}.$$

練習 2.3 $\begin{bmatrix} 1 & 1 \\ 2 & 1 \end{bmatrix}\begin{bmatrix} x \\ y \end{bmatrix}=\begin{bmatrix} 4 \\ 7 \end{bmatrix}$ を，拡大係数行列の基本変形を用いて解け．

行列の行の主成分　行列の，零ベクトルでない行ベクトルの最初の0でない成分を主成分という．

▶ **例 2**　$A=\begin{bmatrix}0 & \textcircled{1} & 2\\ \textcircled{3} & 0 & -5\end{bmatrix}$ の $\begin{cases}\text{第1行の主成分は 1,}\\ \text{第2行の主成分は 3.}\end{cases}$

連立1次方程式を解くために，次の簡約行列の概念を述べる．

簡約行列　次の条件 (I)～(IV) をみたす行列を簡約行列という．

(Ⅰ)　行ベクトルに零ベクトルがあれば，それは零ベクトルでないものよりも下にある．

(Ⅱ)　零行ベクトルではない，行ベクトルの主成分は1である．これを主成分1とよぶ．

(Ⅲ)　第 i 行の主成分を a_{ij_i} とすると，$j_1<j_2<j_3<\cdots$ である．

(Ⅳ)　簡約行列の列が主成分1を含めば，それ以外の成分はすべて0である．

Point !
簡約行列を理解するには，例3のように具体的な説明をみるとわかりやすい．

▶ **例 3**　簡約行列 $\begin{bmatrix}0 & 1 & 3 & 0 & 5\\ 0 & 0 & 0 & 1 & 2\\ 0 & 0 & 0 & 0 & 0\end{bmatrix}$ を例にとって，条件 (I)～(IV) の意味することを説明する．

(Ⅰ)　$\begin{bmatrix}0 & 1 & 3 & 0 & 5\\ 0 & 0 & 0 & 1 & 2\\ 0 & 0 & 0 & 0 & 0\end{bmatrix}$　零行は，零ベクトルでないものよりも下にある．

(Ⅱ)　$\begin{bmatrix}0 & \textcircled{1} & 3 & 0 & 5\\ 0 & 0 & 0 & \textcircled{1} & 2\\ 0 & 0 & 0 & 0 & 0\end{bmatrix}$　零行ベクトルではない，行ベクトルの主成分は1である．

(Ⅲ)　$\begin{bmatrix}0 & 1 & 3 & 0 & 5\\ 0 & 0 & 0 & 1 & 2\\ 0 & 0 & 0 & 0 & 0\end{bmatrix}$　各行の左の，最初から主成分までの0は階段状に並んでいる．

(Ⅳ)　$\begin{bmatrix}0 & \textcircled{1} & 3 & 0 & 5\\ 0 & 0 & 0 & \textcircled{1} & 2\\ 0 & 0 & 0 & 0 & 0\end{bmatrix}$　簡約行列の列が主成分1を含めば（第2列，第4列），それ以外の成分は0である．

▶ **例 4**　簡約行列の例をあげておくので，どのような行列が簡約行列かわかって欲しい．零行列，単位行列も簡約行列である．

$$\begin{bmatrix} 0 & \textcircled{1} & 3 & 0 & 5 \\ 0 & 0 & 0 & \textcircled{1} & 2 \\ 0 & 0 & 0 & 0 & 0 \end{bmatrix}, \quad \begin{bmatrix} \textcircled{1} & 2 & 0 & 2 & 0 \\ 0 & 0 & \textcircled{1} & 3 & 0 \\ 0 & 0 & 0 & 0 & \textcircled{1} \end{bmatrix}, \quad \begin{bmatrix} 0 & \textcircled{1} & 3 & 0 & 5 \\ 0 & 0 & 0 & \textcircled{1} & 2 \\ 0 & 0 & 0 & 0 & 0 \end{bmatrix}$$

▶ **例 5**　次の行列は簡約行列ではない．

(1) $\begin{bmatrix} 0 & 1 & 3 & 0 & 5 \\ 0 & 1 & 3 & 1 & 2 \\ 0 & 0 & 1 & 0 & 0 \end{bmatrix}$　　(2) $\begin{bmatrix} 2 & 4 & 6 & 0 \\ 0 & 0 & 0 & 1 \\ 0 & 0 & 0 & 0 \end{bmatrix}$

(3) $\begin{bmatrix} 0 & 1 & -2 & 5 \\ 1 & 0 & 0 & 2 \\ 0 & 0 & 0 & 0 \end{bmatrix}$

定理 2.1　**行列の簡約化**

任意の行列 A は，基本変形によって簡約行列 B に変形できる．この簡約行列 B は，A に対して一意的に定まる．

この定理によって，行列は基本変形を用いて簡約行列に一意的に変形されることが保証されている．（この数学的な定理の証明は，簡約化を計算するのには不必要なので省略する．）

簡約化　行列 A を基本変形によって，簡約行列 B に変形したとき，この基本変形の繰り返す変形を行列 A の**簡約化**という．簡約化された行列 B もまた，A の**簡約化**であるといい，次のように書く．

$$A \Longrightarrow B$$

Point !
行列の簡約化は連立1次方程式の理論と密接に関係する．

▶ **例 6**　例5(1)の行列を簡約化してみる．第2行から第1行を減じる基本変形を行うと，次のように簡約化される．

$$\begin{bmatrix} 0 & 1 & 3 & 0 & 5 \\ 0 & 1 & 3 & 1 & 2 \\ 0 & 0 & 0 & 0 & 0 \end{bmatrix} \Longrightarrow \begin{bmatrix} 0 & 1 & 3 & 0 & 5 \\ 0 & 0 & 0 & 1 & -3 \\ 0 & 0 & 0 & 0 & 0 \end{bmatrix}.$$

行列によっては，基本変形を何回か繰り返して行う必要がある．

練習 2.4　例5(2)，(3) の行列を簡約化せよ．

少し複雑な行列を簡約化する．

▶ **例 7**　行列 $A=\begin{bmatrix} 1 & 2 & -1 & 1 \\ -3 & -6 & 5 & -7 \\ 2 & 4 & -4 & 6 \end{bmatrix}$ を簡約化する．

連立1次方程式の拡大係数行列に基本変形を行うときと同様に，行列は縦に並べて書く．青い丸で囲んだのは変化させたい成分である．また，行列の第1行，第2行，第3行をそれぞれ①, ②, ③と表す．

1	2	−1	1		
−3	−6	5	−7	②＋①×3	(2, 1)成分の−3を0に
2	4	−4	6	③−①×2	(3, 1)成分の2を0に
1	2	−1	1		
0	0	2	−4		
0	0	−2	4	③＋②	(3, 3)成分の−2を0に
1	2	−1	1		
0	0	2	−4	②÷2	(2, 3)成分の2を1に
0	0	0	0		
1	2	−1	1	①＋②	(1, 3)成分の−1を0に
0	0	1	−2		
0	0	0	0		
1	2	0	−1		
0	0	1	−2		
0	0	0	0		

(答)　A の簡約化は

$$B=\begin{bmatrix} 1 & 2 & 0 & -1 \\ 0 & 0 & 1 & -2 \\ 0 & 0 & 0 & 0 \end{bmatrix}.$$

1つの基本変形において，1つの行を他の行に加える（あるいは減じる）変形は，加える行（あるいは減じる行）が同じならば，一度にいくつもの操作を行っても差し支えない．

練習 2.5　行列 $A=\begin{bmatrix} 1 & 1 & 3 \\ 2 & -3 & 1 \\ 0 & 1 & 1 \end{bmatrix}$ を簡約化せよ．

問題 2.1

略解 p. 94

Point!
1の(3)，(4)の形の行列の方程式も，連立1次方程式とよぶ(p. 17).

1. 次の連立１次方程式の係数行列と拡大係数行列をいえ．

(1) $\begin{cases} x+y=1 \\ 3x-y=7 \end{cases}$　(2) $\begin{cases} 2x+y=4 \\ x-2y=-3 \end{cases}$

(3) $\begin{bmatrix} 2 & -1 \\ 1 & 1 \end{bmatrix}\begin{bmatrix} x \\ y \end{bmatrix}=\begin{bmatrix} 3 \\ 3 \end{bmatrix}$　(4) $\begin{bmatrix} 1 & 4 \\ 2 & 1 \end{bmatrix}\begin{bmatrix} x \\ y \end{bmatrix}=\begin{bmatrix} 9 \\ 4 \end{bmatrix}$

2. 次の連立１次方程式を連立１次方程式の基本変形を用いて解け．

(1) $\begin{cases} x+y=1 \\ 3x-y=7 \end{cases}$　(2) $\begin{cases} x+2y=2 \\ x+y=4 \end{cases}$

(3) $\begin{cases} 3x-2y=7 \\ x-y=2 \end{cases}$

3. 次の連立１次方程式を拡大係数行列の基本変形を用いて解け．

(1) $\begin{bmatrix} 2 & -1 \\ 1 & 1 \end{bmatrix}\begin{bmatrix} x \\ y \end{bmatrix}=\begin{bmatrix} 3 \\ 3 \end{bmatrix}$　(2) $\begin{bmatrix} 1 & 4 \\ 2 & 1 \end{bmatrix}\begin{bmatrix} x \\ y \end{bmatrix}=\begin{bmatrix} 9 \\ 4 \end{bmatrix}$

(3) $\begin{bmatrix} 5 & -4 \\ 1 & 2 \end{bmatrix}\begin{bmatrix} x \\ y \end{bmatrix}=\begin{bmatrix} 7 \\ 7 \end{bmatrix}$

4. 次の行列が簡約行列か判断し，簡約行列でなければ簡約化せよ．

(1) $\begin{bmatrix} 1 & 2 & 3 \\ 1 & 4 & 1 \end{bmatrix}$　(2) $\begin{bmatrix} 1 & 1 & 2 \\ 2 & 3 & 4 \end{bmatrix}$　(3) $\begin{bmatrix} 1 & 2 & 0 \\ 0 & 0 & 1 \end{bmatrix}$

(4) $\begin{bmatrix} 1 & 0 & 1 \\ 2 & 4 & -2 \\ 3 & 4 & -1 \end{bmatrix}$　(5) $\begin{bmatrix} 1 & 0 & 2 \\ 0 & 1 & 2 \\ 0 & 0 & 0 \end{bmatrix}$　(6) $\begin{bmatrix} 1 & 1 & 2 \\ 1 & 2 & 1 \\ 0 & 4 & -4 \end{bmatrix}$

(7) $\begin{bmatrix} 1 & 2 & 1 & 3 \\ 0 & 1 & 0 & 2 \\ 0 & 2 & 1 & 4 \end{bmatrix}$　(8) $\begin{bmatrix} 0 & 1 & 2 & 1 \\ 1 & 0 & 1 & 2 \\ 1 & 0 & 1 & 0 \end{bmatrix}$　(9) $\begin{bmatrix} 0 & 1 & 2 & 1 \\ 0 & 1 & 2 & 2 \\ 0 & 2 & 4 & 3 \end{bmatrix}$

2.2 連立１次方程式を解く

Point !
連立１次方程式の理論を述べるのに，階数の定義が必要である．

行列の階数　行列 A が簡約行列 B に簡約化されることを，$A \Rightarrow B$ と書く．このとき，A の**階数** rank A を

$$\text{rank}\, A = \text{簡約行列}\ B\ \text{の主成分}\ 1\ \text{の個数}$$

と定義する．簡約行列の零ベクトルでない行は必ず主成分１を含むから，rank A は **A の簡約化 B の零ベクトルでない行の個数**である．

▶ **例 8**　3×4 行列 $A=\begin{bmatrix}1&2&0&3\\1&2&1&-2\\2&4&0&6\end{bmatrix}$ の簡約化を行うと

$$A=\begin{bmatrix}1&2&0&3\\1&2&1&-2\\2&4&0&6\end{bmatrix} \Longrightarrow B=\begin{bmatrix}1&2&0&3\\0&0&1&-5\\0&0&0&0\end{bmatrix}$$

であるから，rank A=rank B=2 である．

階数の性質　A を $m\times n$ 行列とし，$A \Rightarrow B$ とする．A の簡約化は B であるから，rank A=rank B である．よって，rank A は B の行の個数 m と同じか，m より小さい数である．

また，B の列ベクトル表示

$$B = [\,\boldsymbol{b}_1 \ \ \cdots \ \ \boldsymbol{b}_n\,]$$

を考えると，簡約行列 B に含まれる主成分１は，B の列 $\boldsymbol{b}_1, \cdots, \boldsymbol{b}_n$ に現れても高々1 回であるから，rank A は列の個数 n と同じか，n より小さい数である．すなわち

$$\text{rank}\, A \leqq m, n \qquad (m = A\ \text{の行の個数},\ n = A\ \text{の列の個数}).$$

Point !
簡約行列の列が主成分１を含めば，それ以外の成分は０である（簡約行列の定義(IV)）．つまり，１つの列に主成分１は現れても１回である．
例８では，簡約行列 B の主成分１は，第１列と第３列に１つずつ現れる．

変数ベクトル　以下では，連立１次方程式の変数は $x_1, x_2, \cdots, x_n$ と書き，列ベクトル $\boldsymbol{x}=\begin{bmatrix}x_1\\ \vdots \\ x_n\end{bmatrix}$ を**変数ベクトル**という．

練習 2.6　行列 $A=\begin{bmatrix}1&1&3\\2&-3&1\\0&1&1\end{bmatrix}$ の階数を求めよ．

主成分1に対応する変数 連立1次方程式 $A\boldsymbol{x}=\boldsymbol{b}$ の拡大係数行列 $[A \,\vdots\, \boldsymbol{b}]$ を簡約化する．この拡大係数行列を簡約化したとき，例えば $[A \,\vdots\, \boldsymbol{b}]$ の簡約化が

$$[B \,\vdots\, \boldsymbol{b}'] = \left[\begin{array}{ccccc:c} 0 & 1 & 0 & 2 & 0 & 3 \\ 0 & 0 & 1 & -1 & 0 & -2 \\ 0 & 0 & 0 & 0 & 1 & 6 \\ 0 & 0 & 0 & 0 & 0 & 0 \end{array}\right]$$

という形であるとする．この拡大係数行列を連立1次方程式に戻すと

$$\begin{bmatrix} 0 & \textcircled{1} & 0 & 2 & 0 \\ 0 & 0 & \textcircled{1} & -1 & 0 \\ 0 & 0 & 0 & 0 & \textcircled{1} \\ 0 & 0 & 0 & 0 & 0 \end{bmatrix} \begin{bmatrix} x_1 \\ \boxed{x_2} \\ \boxed{x_3} \\ x_4 \\ \boxed{x_5} \end{bmatrix} = \begin{bmatrix} 3 \\ -2 \\ 6 \\ 0 \end{bmatrix}$$

と表される．

この連立1次方程式の係数行列の**主成分1**(青い丸)に**対応する変数**は x_2, x_3, x_5(青い四角)である．したがって，x_1 と x_4 は**主成分1に対応しない変数**である．

連立1次方程式 $A\boldsymbol{x}=\boldsymbol{b}$ の解の存在 拡大係数行列 $[A \,\vdots\, \boldsymbol{b}]$ の簡約化が $[B \,\vdots\, \boldsymbol{b}']$ であるとする．B は簡約行列だから，A の簡約化は B である．

例えば，$[B \,\vdots\, \boldsymbol{b}']$ は具体的な例で表すと

(1) $$\left[\begin{array}{ccccc:c} 0 & 1 & 0 & 2 & 0 & 3 \\ 0 & 0 & 1 & -1 & 0 & -2 \\ 0 & 0 & 0 & 0 & 1 & 6 \\ 0 & 0 & 0 & 0 & 0 & 0 \end{array}\right],$$

(2) $$\left[\begin{array}{ccccc:c} 0 & 1 & 0 & 2 & 0 & 0 \\ 0 & 0 & 1 & -1 & 0 & 0 \\ 0 & 0 & 0 & 0 & 1 & 0 \\ 0 & 0 & 0 & 0 & 0 & 1 \end{array}\right]$$

の2通りの場合がある．すなわち，$\mathrm{rank}\,[A \,\vdots\, \boldsymbol{b}]\,(=\mathrm{rank}\,[B \,\vdots\, \boldsymbol{b}'])$ は

(1)の場合 $\mathrm{rank}\,A\,(=\mathrm{rank}\,B)$,

(2)の場合 $\mathrm{rank}\,A+1\,(=\mathrm{rank}\,B+1)$

のいずれかである．

以下では，(1), (2)の場合について，解の存在を調べてみる．

rank $[A \mid \boldsymbol{b}]$=rank A ならば

$$\text{rank}\,[B \mid \boldsymbol{b}'] = \text{rank}\,B$$

である．拡大係数行列 $[A \mid \boldsymbol{b}]$ の簡約化は，(1)の形の行列で，この簡約行列に対応する方程式は

$$\begin{cases} x_2 \quad +2x_4 \quad = 3 \\ \quad x_3 - x_4 \quad = -2 \\ \qquad\qquad x_5 = 6 \end{cases}$$

となる．この連立1次方程式を変形すると

$$\begin{cases} x_2 = 3-2x_4 \\ x_3 = -2-x_4 \\ x_5 = 6 \end{cases}$$

となるから，主成分1に対応しない変数 x_1, x_4 を $x_1=a$，$x_4=b$ と定めると，主成分1に対応する変数 x_2, x_3, x_5 が定まり，必ず解をもつ．

Point !
変数 x_1 も主成分1に対応しないから，任意の値がとれる．

この解は $A\boldsymbol{x}=\boldsymbol{b}$ の解でもあるので，与えられた連立1次方程式は，rank $[A \mid \boldsymbol{b}]$=rank A ならば必ず解をもつ．

rank $[A \mid \boldsymbol{b}]$=rank $A+1$ ならば

$$\text{rank}\,[B \mid \boldsymbol{b}'] = \text{rank}\,B+1$$

なので，$[B \mid \boldsymbol{b}']$ は，(2)の形の行列のようになる．$[B \mid \boldsymbol{b}]$ に含まれる主成分1の個数は rank $B+1$ となるので，$[B \mid \boldsymbol{b}]$ には，必ず，行として

$$[0 \quad 0 \quad \cdots \quad 0 \mid 1]$$

が現れる．この行に対応する1次方程式は

$$0x_1+0x_2+\cdots+0x_n = 1$$

で，この左辺は0，右辺は1なので，この1次方程式を満足する解は存在しない．(したがって，連立1次方程式は解をもたない．)

以上を一般的に述べて，次の定理を得る．

Point !
連立1次方程式の解が存在する必要十分条件である．

定理 2.2　連立1次方程式の解の存在の判定

連立1次方程式 $A\boldsymbol{x}=\boldsymbol{b}$ に解が存在する

$$\Longleftrightarrow \quad \text{rank}\,[A \mid \boldsymbol{b}] = \text{rank}\,A.$$

以上の議論より，連立１次方程式を解くには，連立１次方程式の拡大係数行列を簡約化すればよいことがわかった．

▶ **例 9**　次の連立１次方程式を，拡大係数行列の簡約化を用いて解いてみる．

Point !
主成分１に対応しない変数の値を決めれば，すべての変数の値が定まる．

$$\begin{bmatrix} 1 & -1 & 2 \\ 2 & 1 & 7 \end{bmatrix}\begin{bmatrix} x_1 \\ x_2 \\ x_3 \end{bmatrix} = \begin{bmatrix} 2 \\ 1 \end{bmatrix}.$$

青い丸で囲んだのは，変化させたい拡大係数行列の成分である．
拡大係数行列の簡約化を行うと

1	−1	2	2	
2	1	7	1	②−①×2
1	−1	2	2	
0	3	3	−3	②÷3
1	−1	2	2	①+②
0	1	1	−1	
1	0	3	1	
0	1	1	−1	

となる．

この最後の簡約行列に対応する連立１次方程式を具体的に書くと

$$\begin{cases} x_1 \qquad + 3\boldsymbol{x_3} = \ \ 1 \\ \qquad x_2 + \ \ \boldsymbol{x_3} = -1 \end{cases}$$

となる．

したがって，**主成分１に対応しない変数** $\boldsymbol{x_3}$ を a とすると，主成分１に対応する変数 x_1 と x_2 は，a を用いて

$$x_1 = 1-3a, \quad x_2 = -1-a, \quad x_3 = a$$

と表される．

よって，答は次のようになる．

$$\text{(答)} \quad \begin{bmatrix} x_1 \\ x_2 \\ x_3 \end{bmatrix} = \begin{bmatrix} 1-3a \\ -1-a \\ a \end{bmatrix} = \begin{bmatrix} 1 \\ -1 \\ 0 \end{bmatrix} + a\begin{bmatrix} -3 \\ -1 \\ 1 \end{bmatrix} \qquad (a \in \boldsymbol{R}).$$

Point !
例 10 は，連立 1 次方程式が解をもたない例である．

▶ **例 10**　次の連立 1 次方程式を，拡大係数行列の簡約化を用いて解いてみる．

$$\begin{bmatrix} 1 & -1 & 1 \\ 2 & -1 & 3 \\ 3 & -2 & 4 \end{bmatrix}\begin{bmatrix} x_1 \\ x_2 \\ x_3 \end{bmatrix} = \begin{bmatrix} 2 \\ 2 \\ 7 \end{bmatrix}.$$

青い丸で囲んだのは，変化させたい拡大係数行列の成分である．拡大係数行列の簡約化を行うと

1	−1	1	2	
2	−1	3	2	②−①×2
3	−2	4	7	③−①×3
1	−1	1	2	①+②
0	1	1	−2	
0	1	1	1	③−②
1	0	2	0	
0	1	1	−2	
0	0	0	3	③÷3
1	0	2	0	
0	1	1	−2	②+③×2
0	0	0	1	
1	0	2	0	$\mathrm{rank}\,A=2$，$\mathrm{rank}\,[\,A \mid \boldsymbol{b}\,]=3$
0	1	1	0	であるから
0	0	0	1	（答）　解はもたない．

例 10 のように，簡約化は最後まで行わなくても，その 2 つ手前の行列の行ベクトルとして $[0\ \ 0\ \ 0 \mid 3]$ が現れているから，その時点で解はもたないといっても差し支えない．

練習 2.7　$\begin{bmatrix} 1 & 1 & 3 \\ 2 & -3 & 1 \\ 0 & 1 & 1 \end{bmatrix}\begin{bmatrix} x_1 \\ x_2 \\ x_3 \end{bmatrix} = \begin{bmatrix} 1 \\ 7 \\ 1 \end{bmatrix}$ を解け．

もう 1 つ，連立 1 次方程式を解く．

▶ **例 11**　次の連立 1 次方程式を，拡大係数行列の簡約化を用いて解いてみる．

$$\begin{bmatrix} 1 & -2 & 2 & -1 \\ 2 & -4 & 5 & 1 \end{bmatrix} \begin{bmatrix} x_1 \\ x_2 \\ x_3 \\ x_4 \end{bmatrix} = \begin{bmatrix} -2 \\ -1 \end{bmatrix}.$$

Point !
例 11 は，主成分 1 に対応しない変数の個数が 2 つの場合の例である．

青い丸で囲んだのは，変化させたい拡大係数行列の成分である．
拡大係数行列の簡約化を行うと

$$\begin{array}{|cccc|c|}
\hline
1 & -2 & 2 & -1 & -2 \\
② & -4 & 5 & 1 & -1 \\
\hline
1 & -2 & ② & -1 & -2 \\
0 & 0 & 1 & 3 & 3 \\
\hline
1 & -2 & 0 & -7 & -8 \\
0 & 0 & 1 & 3 & 3 \\
\hline
\end{array}
\qquad \begin{array}{c} ②-①\times 2 \\ \hline ①-②\times 2 \end{array}$$

となる．

この最後の簡約行列に対応する連立 1 次方程式を具体的に書くと

$$\begin{cases} x_1 - 2x_2 -7x_4 = -8 \\ x_3 + 3x_4 = 3 \end{cases}$$

となる．

したがって，主成分 1 に対応しない変数 x_2 を a，x_4 を b とすると，主成分 1 に対応する変数 x_1 と x_3 は，a, b を用いて

$$x_1 = -8 + 2a + 7b, \quad x_2 = a, \quad x_3 = 3 - 3b, \quad x_4 = b$$

と表される．

よって，答は次のようになる．

$$（答）\begin{bmatrix} x_1 \\ x_2 \\ x_3 \\ x_4 \end{bmatrix} = \begin{bmatrix} -8+2a+7b \\ a \\ 3-3b \\ b \end{bmatrix} = \begin{bmatrix} -8 \\ 0 \\ 3 \\ 0 \end{bmatrix} + a \begin{bmatrix} 2 \\ 1 \\ 0 \\ 0 \end{bmatrix} + b \begin{bmatrix} 7 \\ 0 \\ -3 \\ 1 \end{bmatrix}$$

$$(a, b \in \mathbf{R}).$$

解の自由度　A が $m\times n$ 行列，$\boldsymbol{b}$ が n 次列ベクトルで，連立１次方程式 $A\boldsymbol{x}=\boldsymbol{b}$ が解をもつとする．例 11 の解にある a, b のように任意の実数がとれるとき，その任意にとれる実数の個数を**解の自由度**という．A の簡約化を B とすると，例 9，例 11 からわかるように

$$\text{解の自由度} = B\text{ の主成分 }1\text{ に対応しない変数の個数} = n-\text{rank}\,A$$

が成り立つ．よって，次の定理 2.3 を得る．

Point !
B を A の簡約化とすると「rank A＝簡約行列 B の主成分 1 の個数」(p. 24).

定理 2.3　**連立１次方程式の解の一意性**

$m\times n$ 行列 A と n 次列ベクトル $\boldsymbol{b}$ に対して，次の(1), (2)が成り立つ．

（１）　連立１次方程式 $A\boldsymbol{x}=\boldsymbol{b}$ が解をもつとき，解の自由度は $n-\text{rank}\,A$ である．

（２）　連立１次方程式 $A\boldsymbol{x}=\boldsymbol{b}$ がただ１つの解をもつ

$$\iff \text{rank}\,[\,A \,\vdots\, \boldsymbol{b}\,] = \text{rank}\,A = n.$$

Point !
定理2.3と定理2.4は，連立１次方程式の解がただ１つである条件である．

斉次連立１次方程式　$\boldsymbol{b}=\boldsymbol{0}$ であるような連立１次方程式

$$A\boldsymbol{x} = \boldsymbol{0}$$

を**斉次**(せいじ)**連立１次方程式**，あるいは**同次連立１次方程式**という．

自明な解　斉次連立１次方程式には必ず解 $\boldsymbol{x}=\boldsymbol{0}$ が存在する．この解 $\boldsymbol{x}=\boldsymbol{0}$ を斉次連立１次方程式の**自明な解**という．斉次連立１次方程式の場合には，rank $[\,A \,\vdots\, \boldsymbol{b}\,]$＝rank A は常に成り立つので，定理 2.3 は次のように表すことができる．

Point !
rank $[\,A \,\vdots\, \boldsymbol{0}\,]$ ＝rank A である．

定理 2.4　**斉次連立１次方程式の解の一意性**

$m\times n$ 行列 A に対して，次の(1), (2)が成り立つ．

（１）　斉次連立１次方程式 $A\boldsymbol{x}=\boldsymbol{0}$ は必ず解をもち，解の自由度は $n-\text{rank}\,A$ である．

（２）　斉次連立１次方程式 $A\boldsymbol{x}=\boldsymbol{0}$ の解は自明な解に限る

$$\iff \text{rank}\,A = n\ (=\text{変数の個数}).$$

斉次連立 1 次方程式を解く場合には（破線の右側はすべて 0 であるから），拡大係数行列でなく，係数行列を簡約化すればよい．

▶ **例 12**　次の斉次連立 1 次方程式を，係数行列の簡約化を用いて解いてみる．

$$\begin{bmatrix} 2 & 1 & 3 \\ 1 & -1 & 3 \end{bmatrix}\begin{bmatrix} x_1 \\ x_2 \\ x_3 \end{bmatrix} = \begin{bmatrix} 0 \\ 0 \end{bmatrix}.$$

Point !
斉次連立 1 次方程式は，常に解をもつ．

青い丸で囲んだのは，変化させたい係数行列の成分である．係数行列の簡約化を行うと

2	1	3	①↔②
1	−1	3	
1	−1	3	
2	1	3	②−①×2
1	−1	3	
0	3	−3	②÷3
1	−1	3	①+②
0	1	−1	
1	0	2	
0	1	−1	

となる．

この最後の簡約行列に対応する連立 1 次方程式を具体的に書くと

$$\begin{cases} x_1 \qquad + 2\boldsymbol{x_3} = 0 \\ \qquad x_2 - \ \boldsymbol{x_3} = 0 \end{cases}$$

となる．

したがって，**主成分 1 に対応しない変数 $\boldsymbol{x_3}$** を a とすると，主成分 1 に対応する変数 x_1 と x_2 は，a を用いて

$$x_1 = -2x_3 = -2a, \qquad x_2 = x_3 = a$$

と表される．

よって，答は次のようになる．

$$\text{(答)}\quad \begin{bmatrix} x_1 \\ x_2 \\ x_3 \end{bmatrix} = a\begin{bmatrix} -2 \\ 1 \\ 1 \end{bmatrix} \qquad (a \in \boldsymbol{R}).$$

問題 2.2

略解 p. 95

1. 次の行列 A の階数を求めよ．

（1）$\begin{bmatrix} 1 & 2 & -2 & 1 \\ 1 & 2 & 1 & 1 \\ 2 & 4 & -1 & 2 \end{bmatrix}$　（2）$\begin{bmatrix} 1 & 0 & 0 & 1 \\ 1 & 1 & 0 & 1 \\ -1 & 0 & -1 & 1 \end{bmatrix}$　（3）$\begin{bmatrix} 1 & 1 & 0 & 1 \\ 1 & 2 & 1 & 0 \\ 2 & 3 & 1 & 1 \end{bmatrix}$

2. 次の斉次連立 1 次方程式を解き，解の自由度を求めよ．

（1）$\begin{bmatrix} 1 & 0 & 1 \\ 1 & 1 & 0 \\ 2 & 1 & 1 \end{bmatrix}\begin{bmatrix} x_1 \\ x_2 \\ x_3 \end{bmatrix} = \begin{bmatrix} 0 \\ 0 \\ 0 \end{bmatrix}$　（2）$\begin{bmatrix} 1 & 0 & 2 \\ 0 & 1 & 1 \\ 1 & 0 & 3 \end{bmatrix}\begin{bmatrix} x_1 \\ x_2 \\ x_3 \end{bmatrix} = \begin{bmatrix} 0 \\ 0 \\ 0 \end{bmatrix}$

（3）$\begin{bmatrix} 1 & 2 & -2 & 1 \\ 2 & 4 & -3 & 3 \end{bmatrix}\begin{bmatrix} x_1 \\ x_2 \\ x_3 \\ x_4 \end{bmatrix} = \begin{bmatrix} 0 \\ 0 \end{bmatrix}$

（4）$\begin{bmatrix} 1 & 3 & -3 & 1 \\ 2 & 6 & -6 & 3 \end{bmatrix}\begin{bmatrix} x_1 \\ x_2 \\ x_3 \\ x_4 \end{bmatrix} = \begin{bmatrix} 0 \\ 0 \end{bmatrix}$

3. 次の連立 1 次方程式を解き，解の自由度を求めよ．

（1）$\begin{bmatrix} 1 & 2 & 1 \\ 2 & 4 & 1 \end{bmatrix}\begin{bmatrix} x_1 \\ x_2 \\ x_3 \end{bmatrix} = \begin{bmatrix} 1 \\ 4 \end{bmatrix}$　（2）$\begin{bmatrix} 1 & 0 & 2 \\ 0 & 1 & 1 \\ 1 & 0 & 3 \end{bmatrix}\begin{bmatrix} x_1 \\ x_2 \\ x_3 \end{bmatrix} = \begin{bmatrix} 1 \\ 3 \\ 1 \end{bmatrix}$

（3）$\begin{bmatrix} 1 & 1 & 0 \\ 1 & 1 & 1 \\ 2 & 2 & 1 \end{bmatrix}\begin{bmatrix} x_1 \\ x_2 \\ x_3 \end{bmatrix} = \begin{bmatrix} 2 \\ 3 \\ 7 \end{bmatrix}$　（4）$\begin{bmatrix} 1 & -1 & 1 \\ 1 & 0 & 1 \\ 3 & -1 & 3 \end{bmatrix}\begin{bmatrix} x_1 \\ x_2 \\ x_3 \end{bmatrix} = \begin{bmatrix} -2 \\ -1 \\ -4 \end{bmatrix}$

（5）$\begin{bmatrix} 1 & 2 & -3 & 1 \\ 2 & 4 & -6 & 3 \end{bmatrix}\begin{bmatrix} x_1 \\ x_2 \\ x_3 \\ x_4 \end{bmatrix} = \begin{bmatrix} 1 \\ 4 \end{bmatrix}$

2.3 逆行列と正則行列

逆行列 B が n 次正方行列 A の逆行列であるとは

$$AB = BA = E$$

が成り立つときにいい，B を A^{-1} と書く．

正則行列 逆行列をもつ正方行列を正則行列という．

もし，B が正方行列 $AB=E$ となる行列(右逆行列という)ならば，$BA=E$ もみたし，B は A の逆行列であることが証明される．

したがって

B が正方行列 A の右逆行列ならば，B は A の逆行列である．

▶ **例 13** $A=\begin{bmatrix} 2 & 1 \\ 1 & 1 \end{bmatrix}$ の逆行列は $B=\begin{bmatrix} 1 & -1 \\ -1 & 2 \end{bmatrix}$ である．

実際に，AB を計算すると

$$AB = \begin{bmatrix} 2 & 1 \\ 1 & 1 \end{bmatrix}\begin{bmatrix} 1 & -1 \\ -1 & 2 \end{bmatrix} = \begin{bmatrix} 1 & 0 \\ 0 & 1 \end{bmatrix} = E$$

となるから，B は右逆行列である．したがって，B は A の逆行列 A^{-1} になる．具体的な行列の場合には，$BA=E$ も実際に確かめられるが，$BA=E$ は確かめなくてもわかるのである．

Point !
B が A の逆行列であることを示すには，B が A の右逆行列を示せばよい．

正則行列は非常に重要であり，次の定理 2.5 の(1)～(4)のいずれかの性質をみたす行列は，正則行列と同値である．

定理 2.5 ——— **正則行列の同値な条件**

n 次正方行列 A に対して，次の(1)～(5)の性質は同値である．

(1) $\mathrm{rank}\, A=n$.

(2) A の簡約化は E である．

(3) $A\boldsymbol{x}=\boldsymbol{b}$ は任意の n 次列ベクトル $\boldsymbol{b}$ に対し，ただ 1 つの解をもつ．

(4) $A\boldsymbol{x}=\boldsymbol{0}$ の解は自明な解 $\boldsymbol{x}=\boldsymbol{0}$ に限る．

(5) A は正則行列である．

Point !
正則行列の同値条件は重要である．
他の同値条件は
定理 3.3 (p. 49)，
定理 4.2 (p. 58)
でも述べる．

証明　(1)⇒(2)　$A \Rightarrow B$ とする．rank $A=$rank $B=n$ は B の行零ベクトルでない行の個数が n であることを意味し，B のすべての行は行零ベクトルではない．行ベクトルは，行零ベクトルでなければ，必ず主成分１を含むから，B は n 個の主成分１を含み，行列 $B=E$ となる．よって，$A \Rightarrow E$ が示される．

(2)⇒(3)　$A\boldsymbol{x}=\boldsymbol{b}$ の拡大係数行列の簡約化は，適当なベクトル $\boldsymbol{b}'$ を用いて $[E \,\vdots\, \boldsymbol{b}']$ と表される．$[E \,\vdots\, \boldsymbol{b}']$ を拡大係数行列としてもつ連立１次方程式は $\boldsymbol{x}=\boldsymbol{b}'$ なので，$A\boldsymbol{x}=\boldsymbol{b}$ はただ１つの解 $\boldsymbol{x}=\boldsymbol{b}'$ をもつ．

(3)⇒(4)　(3)の特別な場合($\boldsymbol{b}=\boldsymbol{0}$ の場合)である．

Point !
定理 2.4 (p. 30)

(4)⇒(1)　定理 2.4(2) で，(1)と(4)は同値であることを述べた．

以上により，(1)～(4) は同値であることが示された．

(3)⇒(5)　n 個の列ベクトル

$$\boldsymbol{e}_1=\begin{bmatrix}1\\0\\\vdots\\0\end{bmatrix},\quad \cdots,\quad \boldsymbol{e}_n=\begin{bmatrix}0\\\vdots\\0\\1\end{bmatrix}$$

をとる．(3)の主張により，n 個の連立１次方程式

$$A\boldsymbol{x}=\boldsymbol{e}_1,\quad \cdots,\quad A\boldsymbol{x}=\boldsymbol{e}_n$$

は解をもつ．連立１次方程式のそれぞれの解を $\boldsymbol{x}=\boldsymbol{b}_1, \cdots, \boldsymbol{x}=\boldsymbol{b}_n$ とすると

$$A\boldsymbol{b}_1=\boldsymbol{e}_1,\quad \cdots,\quad A\boldsymbol{b}_n=\boldsymbol{e}_n$$

である．n 次正方行列 B を $B=[\boldsymbol{b}_1 \ \cdots \ \boldsymbol{b}_n]$ を列ベクトル表示で定義する．定理 1.1 を用いると

Point !
定理 1.1 (p. 14)

$$\begin{aligned}AB &= A[\boldsymbol{b}_1 \ \cdots \ \boldsymbol{b}_n]=[A\boldsymbol{b}_1 \ \cdots \ A\boldsymbol{b}_n]\\ &=[\boldsymbol{e}_1 \ \cdots \ \boldsymbol{e}_n]=E\end{aligned}$$

と表される．よって，B は A の逆行列になり，A は逆行列 B をもつので正則行列である．

Point !
B は A の右逆行列だから，逆行列である．

(5)⇒(4)　$A\boldsymbol{x}=\boldsymbol{0}$ ならば，この両辺に左から A^{-1} を掛けると

$$A^{-1}A\boldsymbol{x}=A^{-1}(A\boldsymbol{x})=A^{-1}\boldsymbol{0}=\boldsymbol{0}.$$

一方，$A^{-1}A=E$ であるから，$A^{-1}A\boldsymbol{x}=\boldsymbol{x}$ より，$\boldsymbol{x}=\boldsymbol{0}$ となり，(4)が成り立つ．

(3)と(4)は同値だから，(5)と(1)～(4)の同値も示された．　終

逆行列の計算　定理 2.5 の証明の(3)⇒(5)は，逆行列を計算するのにも用いられる．前述で考えた，n 個の連立 1 次方程式

$$A\boldsymbol{x} = \boldsymbol{e}_1, \quad \cdots, \quad A\boldsymbol{x} = \boldsymbol{e}_n$$

のそれぞれの解を $\boldsymbol{x}=\boldsymbol{b}_1, \cdots, \boldsymbol{x}=\boldsymbol{b}_n$ とし，n 次正方行列 B を $B=[\boldsymbol{b}_1 \ \cdots \ \boldsymbol{b}_n]$ と列ベクトル表示で定義すると，B が A の逆行列になる．$\boldsymbol{b}_i$ は連立 1 次方程式 $A\boldsymbol{x} = \boldsymbol{e}_i$ の解であるから，$[A \,\vdots\, E]$ の簡約化を用いると

Point !
式(∗)の簡約化において，行列 A の簡約化の計算は，$i=1, \cdots, n$ に共通にとれる．

$$(*) \qquad [A \,\vdots\, \boldsymbol{e}_i] \ \Rightarrow \ [A \,\vdots\, \boldsymbol{b}_i] \qquad (i = 1, \cdots, n)$$

と表される．この n 個の簡約化を一斉に行うと，$B=[\boldsymbol{b}_1 \ \cdots \ \boldsymbol{b}_n]$ であるので，B は A の逆行列 A^{-1} に一致して

$$[A \,\vdots\, E] \ \Rightarrow \ [E \,\vdots\, A^{-1}]$$

となる．

▶ **例 14**　$A=\begin{bmatrix} 1 & 0 & 1 \\ 2 & 1 & 1 \\ 1 & 0 & 2 \end{bmatrix}$ の逆行列を，簡約化を用いて計算してみる．

1	0	1	1	0	0	
2	1	1	0	1	0	②−①×2
1	0	2	0	0	1	③−①
1	0	1	1	0	0	①−③
0	1	−1	−2	1	0	②+③
0	0	1	−1	0	1	
1	0	0	2	0	−1	
0	1	0	−3	1	1	
0	0	1	−1	0	1	

よって，逆行列 $A^{-1}=\begin{bmatrix} 2 & 0 & -1 \\ -3 & 1 & 1 \\ -1 & 0 & 1 \end{bmatrix}$ を得る．

問題 2.3

略解 p. 97

1. 次の行列の簡約化は E になることを示すことにより，正則行列であることを示せ．

（1）$\begin{bmatrix} 1 & 0 & 2 \\ 1 & 1 & 2 \\ 1 & 1 & 3 \end{bmatrix}$　（2）$\begin{bmatrix} 1 & -2 & 3 \\ -1 & 1 & -1 \\ 1 & 0 & -2 \end{bmatrix}$

（3）$\begin{bmatrix} 2 & -1 & 0 \\ 0 & 0 & 1 \\ 1 & 0 & 1 \end{bmatrix}$　（4）$\begin{bmatrix} 1 & 0 & 0 & 1 \\ 0 & 0 & -1 & 0 \\ 2 & 1 & 0 & 3 \\ 0 & 0 & 0 & 1 \end{bmatrix}$

2. 次の行列 A に対して，$A\boldsymbol{x}=\mathbf{0}$ は自明な解しかもたないことを示すことにより，A は正則行列であることを示せ．

（1）$\begin{bmatrix} 3 & 1 & 0 \\ 0 & 0 & 1 \\ 1 & 0 & 1 \end{bmatrix}$　（2）$\begin{bmatrix} 1 & 1 & 1 \\ 0 & 1 & 1 \\ 0 & 0 & 1 \end{bmatrix}$

3. 次の行列 A の逆行列 A^{-1} を，行列 $[A \mid E]$ の簡約化を用いて計算せよ．

（1）$\begin{bmatrix} 1 & 2 \\ 1 & 3 \end{bmatrix}$　（2）$\begin{bmatrix} 3 & 2 \\ 7 & 5 \end{bmatrix}$　（3）$\begin{bmatrix} 6 & 1 \\ 7 & 1 \end{bmatrix}$

（4）$\begin{bmatrix} 1 & 2 & -1 \\ 1 & 1 & 0 \\ 1 & 0 & 0 \end{bmatrix}$　（5）$\begin{bmatrix} 1 & 0 & 0 \\ 1 & 2 & 1 \\ 1 & 1 & 1 \end{bmatrix}$

（6）$\begin{bmatrix} 1 & 1 & -3 \\ 0 & 1 & 1 \\ 0 & 0 & -1 \end{bmatrix}$　（7）$\begin{bmatrix} 2 & 0 & 1 \\ 0 & 1 & -1 \\ 1 & 0 & 1 \end{bmatrix}$

（8）$\begin{bmatrix} 1 & 1 & 0 \\ 1 & 0 & 0 \\ 3 & 2 & 1 \end{bmatrix}$　（9）$\begin{bmatrix} 1 & 0 & 0 & 1 \\ 0 & 1 & -1 & 0 \\ -1 & 0 & 1 & 0 \\ 0 & 0 & 2 & 1 \end{bmatrix}$

3 行 列 式

3.1 行列式の定義と基本性質

Point !
行列式は正方行列に対して与えられる数である．

行列の理論で重要な役割を果たす行列式は，正方行列に対して与えられる数である．正方行列 A の**行列式**を $|A|$，$\det A$ などと書く．n 次正方行列の行列式を **n 次の行列式**とよぶ．

行列式の表し方　成分で表示した正方行列の行列式は，例えば

$\begin{bmatrix} a_{11} & a_{12} \\ a_{21} & a_{22} \end{bmatrix}$ の行列式は，$\left|\begin{bmatrix} a_{11} & a_{12} \\ a_{21} & a_{22} \end{bmatrix}\right|$ ではなく

$$\begin{vmatrix} a_{11} & a_{12} \\ a_{21} & a_{22} \end{vmatrix}$$

Point !
det は，行列式 determinant の略である．

と表す．ただし，1 次の行列式は絶対値と紛らわしいので，$\|[-3]\|$，$\det[-3]$ などと書くこともある．

行列式を定義する前に，正方行列 A に対して次のように定義する．

$n-1$ 次小行列 A_{ij}　n 次正方行列 $A=[a_{ij}]$ から，第 i 行と第 j 列を取り除いた $n-1$ 次正方行列を $n-1$ 次小行列といい，A_{ij} と書く．

すなわち

$$A_{ij} = \begin{bmatrix} a_{11} & \cdots & a_{1j} & \cdots & a_{1n} \\ \vdots & & \vdots & & \vdots \\ a_{i1} & \cdots & a_{ij} & \cdots & a_{in} \\ \vdots & & \vdots & & \vdots \\ a_{n1} & \cdots & a_{nj} & \cdots & a_{nn} \end{bmatrix} \quad \left(\text{網をかけた部分を除いた，} n-1 \text{ 次正方行列}\right)$$

となる．

行列式の定義

行列式を，正方行列の次数の低い方から順に定義する．

（1）　1次の行列式は $\|[a]\| = a$ とおく．

（2）　行列式が，$n-1$ 次正方行列に対して定義されているとする．このとき，n 次正方行列

$$A=\begin{bmatrix} a_{11} & a_{12} & \cdots & a_{1n} \\ a_{21} & a_{22} & \cdots & a_{2n} \\ & \cdots\cdots\cdots & & \\ a_{n1} & a_{n2} & \cdots & a_{nn} \end{bmatrix}$$

に対して，行列式 $|A|$ を**第1行に関する展開**

$$\begin{aligned} |A| &= (-1)^{1+1}a_{11}|A_{11}|+(-1)^{1+2}a_{12}|A_{12}|+\cdots \\ &\quad +(-1)^{1+n}a_{1n}|A_{1n}| \\ &= a_{11}|A_{11}|-a_{12}|A_{12}|+\cdots+(-1)^{1+n}a_{1n}|A_{1n}| \end{aligned}$$

で定義する．A_{1j} $(j=1,\cdots,n)$ は，A から第1行と第 j 列を取り除いて定義される，$n-1$ 次小行列である(37 ページ).

Point !
行列式を正方行列の次数の低い方から順に定義することを，行列式を次数に関して帰納的に定義するという．

定義を用いて，1次と2次の行列式を計算してみる．

▶ **例 1**　$\|[2]\| = 2, \quad \|[-3]\| = -3.$

▶ **例 2**　$\begin{vmatrix} 3 & 2 \\ 4 & 1 \end{vmatrix} = 3\|[1]\|-2\|[4]\| = 3-8 = -5.$

▶ **例 3**　$\begin{vmatrix} 2 & 1 \\ 3 & 5 \end{vmatrix} = 2\|[5]\|-1\|[3]\| = 10-3 = 7.$

行列式の定義(2)より，次の性質が導かれる．

▶ **例 4**　$A = \begin{bmatrix} a_{11} & 0 & \cdots & 0 \\ a_{21} & & & \\ \vdots & & A_{11} & \\ a_{n1} & & & \end{bmatrix}$ ならば

$$\begin{aligned} |A| &= a_{11}|A_{11}|+(-1)^{1+2}0|A_{12}|+\cdots+(-1)^{1+n}0|A_{1n}| \\ &= a_{11}|A_{11}|. \end{aligned}$$

練習 3.1　$\begin{vmatrix} -1 & -2 \\ 3 & -4 \end{vmatrix}$ を求めよ．

2 次と 3 次の行列式を，成分表示すると次のようになる．

2 次の行列式（サラスの方法）

$$\begin{vmatrix} a_{11} & a_{12} \\ a_{21} & a_{22} \end{vmatrix} = a_{11}a_{22} - a_{12}a_{21}$$

実際，$|A|$ を求めたい行列式とすると，$A_{11}=[\,a_{22}\,]$，$A_{12}=[\,a_{21}\,]$ であるから，定義より

$$|A| = a_{11}|A_{11}| - a_{12}|A_{12}| = a_{11}a_{22} - a_{12}a_{21}$$

であることがわかる．

3 次の行列式（サラスの方法）

3 次の行列式は，特に次のように表される．

$$\begin{vmatrix} a_{11} & a_{12} & a_{13} \\ a_{21} & a_{22} & a_{23} \\ a_{31} & a_{32} & a_{33} \end{vmatrix} = a_{11}a_{22}a_{33} + a_{12}a_{23}a_{31} + a_{13}a_{21}a_{32} - a_{11}a_{23}a_{32} - a_{12}a_{21}a_{33} - a_{13}a_{22}a_{31}$$

Point !
サラスの方法は，2 次，3 次の行列式に限る．

実際，$|A|$ を求めたい行列式とすると

$$|A| = a_{11}\begin{vmatrix} a_{22} & a_{23} \\ a_{32} & a_{33} \end{vmatrix} - a_{12}\begin{vmatrix} a_{21} & a_{23} \\ a_{31} & a_{33} \end{vmatrix} + a_{13}\begin{vmatrix} a_{21} & a_{22} \\ a_{31} & a_{32} \end{vmatrix}$$

↑ 行列式の定義 (2)

$$= a_{11}(a_{22}a_{33} - a_{23}a_{32}) - a_{12}(a_{21}a_{33} - a_{23}a_{31}) + a_{13}(a_{21}a_{32} - a_{22}a_{31})$$

↑ 2 次の行列式のサラスの方法

$$= a_{11}a_{22}a_{33} - a_{11}a_{23}a_{32} - a_{12}a_{21}a_{33} + a_{12}a_{23}a_{31} + a_{13}a_{21}a_{32} - a_{13}a_{22}a_{31}$$

$$= a_{11}a_{22}a_{33} + a_{12}a_{23}a_{31} + a_{13}a_{21}a_{32} - a_{11}a_{23}a_{32} - a_{12}a_{21}a_{33} - a_{13}a_{22}a_{31}.$$

つまり，サラスの方法は，2 次の行列式および 3 次の行列式の係数に，左上から右下への成分の積は＋，右上から左下への成分の積には－をつけて，和をとったものである．

3次の行列式を，サラスの方法で実際に計算する．

▶ **例 5**
$$\begin{vmatrix} 1 & 3 & 2 \\ 0 & 2 & 4 \\ 3 & 1 & 2 \end{vmatrix} = 1\cdot 2\cdot 2+3\cdot 4\cdot 3+2\cdot 0\cdot 1-1\cdot 4\cdot 1-3\cdot 0\cdot 2-2\cdot 2\cdot 3$$
$$= 4+36-4-12 = 24.$$

▶ **例 6**
$$\begin{vmatrix} 0 & 5 & 3 \\ 2 & -1 & 0 \\ 1 & 0 & -2 \end{vmatrix} = 0\cdot(-1)\cdot(-2)+5\cdot 0\cdot 1+3\cdot 2\cdot 0 -0\cdot 0\cdot 0-5\cdot 2\cdot(-2)-3\cdot(-1)\cdot 1$$
$$= 20+3 = 23.$$

Point !
サラスの方法は，2次，3次の行列式に限る．4次以上の行列式に用いることはできない．

成分に0が多い場合に，4次以上の行列式を定義を用いて計算しておく．3次の行列式には，(ここでは)サラスの方法を用いる．

▶ **例 7**
$$\begin{vmatrix} 1 & 0 & 0 & 2 \\ 0 & 1 & 0 & 2 \\ 2 & 1 & 0 & 1 \\ 1 & 0 & 2 & 0 \end{vmatrix} = 1\begin{vmatrix} 1 & 0 & 2 \\ 1 & 0 & 1 \\ 0 & 2 & 0 \end{vmatrix} -0+0-2\begin{vmatrix} 0 & 1 & 0 \\ 2 & 1 & 0 \\ 1 & 0 & 2 \end{vmatrix}$$
$$= (4-2)-2\cdot(-4) = 10.$$

▶ **例 8**
$$\begin{vmatrix} 0 & 2 & 0 & 1 \\ 1 & 0 & 1 & 0 \\ -1 & 1 & 0 & 1 \\ 0 & 1 & 2 & 0 \end{vmatrix} = 0-2\begin{vmatrix} 1 & 1 & 0 \\ -1 & 0 & 1 \\ 0 & 2 & 0 \end{vmatrix} +0-1\begin{vmatrix} 1 & 0 & 1 \\ -1 & 1 & 0 \\ 0 & 1 & 2 \end{vmatrix}$$
$$= -2(-2)-1\cdot(2-1) = 3.$$

一般の次数の行列式は，次に述べるいくつかの行列式の性質を用いて計算する．3次の行列式も，機械的なサラスの方法より，行列式の性質を用いた計算の方が容易なことが多い．

練習 3.2　次の行列式を，サラスの方法を用いて計算せよ．

(1) $\begin{vmatrix} 2 & 3 \\ 5 & 4 \end{vmatrix}$　　(2) $\begin{vmatrix} 1 & 0 & 1 \\ 2 & 0 & 3 \\ 0 & 1 & -1 \end{vmatrix}$

性質 0 A とその転置行列 ${}^tA$ の行列式は等しい．すなわち，$|A|=|{}^tA|$ である．

この性質 0 の証明は省くが，性質 0 を用いると，行列式の第 1 列に関する展開が示せる．

Point !
性質 0 により，行に関する性質は，列についても成り立つ．

行列式の第 1 列に関する展開 行列式 $|A|$ は

$$
\begin{aligned}
|A| &= (-1)^{1+1}a_{11}|A_{11}|+(-1)^{2+1}a_{21}|A_{21}|+\cdots+(-1)^{n+1}a_{n1}|A_{n1}| \\
&= a_{11}|A_{11}|-a_{21}|A_{21}|+\cdots+(-1)^{n+1}a_{n1}|A_{n1}|
\end{aligned}
$$

と表される．上式の符号は＋から始めて，正負を交互にとる．これを，行列式の**第 1 列に関する展開**という．

証明 行列式の第 1 列に関する展開を，第 1 行に関する展開（行列式の定義 (2)）と，性質 0 を用いて示す．実際，$b_{ij}=a_{ji}$ $(i, j=1, \cdots, n)$ とおき，$B={}^tA=[b_{ij}]$ とおく．$B_{ij}={}^t(A_{ji})$ $(i, j=1, \cdots, n)$ より

$$
\begin{aligned}
|A| &= |{}^tA|=|B| \\
&= b_{11}|B_{11}|-b_{12}|B_{12}|+\cdots+(-1)^{1+n}b_{1n}|B_{1n}| \\
&= a_{11}|{}^t(A_{11})|-a_{21}|{}^t(A_{21})|+\cdots+(-1)^{n+1}a_{n1}|{}^t(A_{n1})|.
\end{aligned}
$$

性質 0 を用いると $|{}^t(A_{ij})|=|A_{ij}|$ が成り立つので，次式が成り立つ．

$$|A| = a_{11}|A_{11}|-a_{21}|A_{21}|+\cdots+(-1)^{n-1}a_{n1}|A_{n1}|.$$ 終

▶ **例 9** 3 次の行列式を，第 1 列に関する展開を用いて計算してみる．2 次の行列式にはサラスの方法を用いる．

$$
\begin{vmatrix} 3 & -2 & 1 \\ 0 & 3 & -1 \\ 2 & 5 & 1 \end{vmatrix} = 3\begin{vmatrix} 3 & -1 \\ 5 & 1 \end{vmatrix} - 0\begin{vmatrix} -2 & 1 \\ 5 & 1 \end{vmatrix} + 2\begin{vmatrix} -2 & 1 \\ 3 & -1 \end{vmatrix}
$$

$$= 3(3+5)+2(2-3) = 22.$$

▶ **例 10**
$$
\begin{vmatrix} a_{11} & a_{12} & \cdots & a_{1n} \\ 0 & & & \\ \vdots & & A_{11} & \\ 0 & & & \end{vmatrix} = a_{11}|A_{11}|.
$$

Point !
例 10 は，行列式の第 1 列に関する展開を用いれば，例 4 と同様に示される．

練習 3.3 $\begin{vmatrix} 2 & 1 & 1 \\ -2 & -4 & 1 \\ 0 & 1 & 2 \end{vmatrix}$ を第 1 列に関する展開を用いて計算せよ．

次の性質1～3は行列の基本変形によく似ている．また，性質0を用いることにより，行列式に関しては，行だけではなく，列に関しても，同様の性質が成り立つことが示される．

性質1　正方行列の，1つの行(列)を c 倍すると，行列式は c 倍になる．

性質2　正方行列の，2つ行(列)を入れ替えると，行列式の値の正負(±)が入れ替わる．

性質3　正方行列の，1つの行(列)の何倍かを他の行(列)に加えても，行列式の値は変わらない．

この3つの性質を用いて，行列の簡約化の場合のように，行列式の成分に0が多く含まれるように変形する．3次の行列式はサラスの方法を用いてもよいが，上の3つの性質を用いて計算する方が容易なことが多い．2次の行列式にはサラスの方法を用いるのがよい．

以下の計算では，第1行，第2行，…は①,②,…，第1列，第2列，…は$\boxed{1}$,$\boxed{2}$,…と表す．

▶ **例 11**

$$\begin{vmatrix} 1 & 2 & -1 \\ 0 & 1 & 1 \\ -1 & 1 & 3 \end{vmatrix} \underset{③+①}{=} \begin{vmatrix} 1 & 2 & -1 \\ 0 & 1 & 1 \\ 0 & 3 & 2 \end{vmatrix} \underset{\boxed{1}\text{に関する展開}}{=} \begin{vmatrix} 1 & 1 \\ 3 & 2 \end{vmatrix} = -1.$$

▶ **例 12**

$$\begin{vmatrix} 1 & 1 & 0 \\ 1 & -1 & 1 \\ 2 & 3 & 2 \end{vmatrix} \underset{\boxed{2}-\boxed{1}}{=} \begin{vmatrix} 1 & 0 & 0 \\ 1 & -2 & 1 \\ 2 & 1 & 2 \end{vmatrix} \underset{①\text{に関する展開}}{=} \begin{vmatrix} -2 & 1 \\ 1 & 2 \end{vmatrix} = -5.$$

練習 3.4　$\begin{vmatrix} 1 & 1 & 1 \\ -1 & -2 & 1 \\ 0 & 2 & -1 \end{vmatrix}$ を計算せよ．

▶ **例 13**

$$\begin{vmatrix} 1 & 1 & -2 \\ 2 & -1 & -1 \\ 2 & 1 & 1 \end{vmatrix} = \begin{vmatrix} 1 & 0 & -2 \\ 2 & -3 & -1 \\ 2 & -1 & 1 \end{vmatrix} = \begin{vmatrix} 1 & 0 & 0 \\ 2 & -3 & 3 \\ 2 & -1 & 5 \end{vmatrix}$$

↑ 2 − 1　　↑ 3 + 1 ×2

$$= \begin{vmatrix} -3 & 3 \\ -1 & 5 \end{vmatrix} = 3\begin{vmatrix} -1 & 1 \\ -1 & 5 \end{vmatrix} = -12.$$

↑ ①に関する展開　　↑ ①を 3 でくくる

性質 4　2 つの行(列)が等しい行列の行列式の値は 0 になる．

この性質 4 の証明は簡単なので，証明しておく．

A をもとの正方行列とし，第 i 行と第 j 行が等しいとする $(i \neq j)$．第 i 行と第 j 行を取り替えて得られる行列を B とすると，$A=B$ である．性質 2 より，$|A|=-|B|=-|A|$ である．よって，$2|A|=0$ となり，$|A|=0$ がわかる(列に関しては，性質 0 を用いて示される)．

また，次の性質 5 もよく用いられる．

Point !
性質 5 は，例 4，例 10 の一般化である．

性質 5　$$\begin{vmatrix} A & O \\ C & D \end{vmatrix} = \begin{vmatrix} A & B \\ O & D \end{vmatrix} = |A||D|$$

$\left(\begin{array}{l} A：r \text{ 次正方行列，} B：r \times s \text{ 行列，} C：s \times r \text{ 行列，} \\ D：s \text{ 次正方行列，} O：\text{零行列} \end{array} \right)$

▶ **例 14**

$$\left|\begin{array}{cc:cc} 2 & 1 & 1 & 5 \\ 1 & 1 & 3 & 2 \\ \hdashline 0 & 0 & 3 & 1 \\ 0 & 0 & 1 & 1 \end{array}\right| = \begin{vmatrix} 2 & 1 \\ 1 & 1 \end{vmatrix}\begin{vmatrix} 3 & 1 \\ 1 & 1 \end{vmatrix} = 1 \cdot 2 = 2.$$

練習 3.5　$$\begin{vmatrix} 1 & 1 & 0 & 0 \\ 1 & -2 & 0 & 0 \\ 3 & 6 & -1 & 3 \\ 7 & 1 & 1 & 2 \end{vmatrix}$$ を計算せよ．

問題 3.1

略解 p. 99

1. 次の行列式 $|A|$ をサラスの方法で計算せよ．

(1) $\begin{vmatrix} 2 & 3 \\ -1 & 5 \end{vmatrix}$　(2) $\begin{vmatrix} 3 & 5 \\ 7 & 2 \end{vmatrix}$

(3) $\begin{vmatrix} 1 & 0 & 2 \\ 2 & 3 & -1 \\ 0 & 2 & 5 \end{vmatrix}$　(4) $\begin{vmatrix} 0 & 3 & -2 \\ 2 & 0 & 5 \\ 1 & 2 & 1 \end{vmatrix}$

2. 次の行列式 $|A|$ を計算せよ．2 次の行列式については，サラスの方法を用いてもよい．

(1) $\begin{vmatrix} 1 & 2 & 3 \\ 6 & 6 & -3 \\ 2 & 4 & 4 \end{vmatrix}$　(2) $\begin{vmatrix} 0 & 6 & -1 \\ 3 & 1 & 1 \\ 2 & 1 & -3 \end{vmatrix}$

(3) $\begin{vmatrix} 1 & 6 & 0 \\ 2 & 6 & 6 \\ 1 & 6 & -1 \end{vmatrix}$　(4) $\begin{vmatrix} 3 & 0 & -2 \\ 0 & 5 & 10 \\ 3 & 1 & 1 \end{vmatrix}$

(5) $\begin{vmatrix} 1 & 0 & -2 \\ 2 & 12 & 4 \\ 1 & 6 & -1 \end{vmatrix}$　(6) $\begin{vmatrix} 1 & 1 & 2 \\ 1 & 2 & 3 \\ -2 & 1 & -1 \end{vmatrix}$

(7) $\begin{vmatrix} 1 & 2 & 1 & 0 \\ 3 & 1 & 0 & 2 \\ 0 & 0 & 2 & 3 \\ 0 & 0 & 2 & 1 \end{vmatrix}$　(8) $\begin{vmatrix} 0 & -3 & 0 & 0 \\ 1 & 0 & 1 & 0 \\ 1 & 0 & 0 & 4 \\ 0 & 2 & 1 & 3 \end{vmatrix}$

(9) $\begin{vmatrix} 1 & 3 & 1 & 1 \\ -2 & 0 & 1 & -1 \\ 1 & 0 & -3 & 2 \\ 1 & 1 & 3 & 5 \end{vmatrix}$　(10) $\begin{vmatrix} 1 & 0 & 1 & -1 \\ -2 & 1 & 0 & -1 \\ 1 & -1 & -3 & 0 \\ 0 & 1 & -2 & 0 \end{vmatrix}$

3.2 余因子展開，クラーメルの公式，行列式の幾何学的意味

次の性質 6 も，行列式のもつ重要な性質の 1 つである．

性質 6　1 つの行(列)をいくつかの行(列)の和に分解すると，行列式はその行(列)以外は不変で，その行(列)をそれぞれの行(列)に置き換えた行列式の和になる．

▶ **例 15**　3 次の行列式の場合に，第 2 列を 2 つの列ベクトルに分解すると，行列式は次のように表される．

$$\begin{vmatrix} a_{11} & a_{12}+b_{12} & a_{13} \\ a_{21} & a_{22}+b_{22} & a_{23} \\ a_{31} & a_{32}+b_{32} & a_{33} \end{vmatrix} = \begin{vmatrix} a_{11} & a_{12} & a_{13} \\ a_{21} & a_{22} & a_{23} \\ a_{31} & a_{32} & a_{33} \end{vmatrix} + \begin{vmatrix} a_{11} & b_{12} & a_{13} \\ a_{21} & b_{22} & a_{23} \\ a_{31} & b_{32} & a_{33} \end{vmatrix}.$$

▶ **例 16**　行列式の第 1 列を

$$\begin{bmatrix} -1 \\ 2 \\ 3 \end{bmatrix} = \begin{bmatrix} -1 \\ 0 \\ 0 \end{bmatrix} + \begin{bmatrix} 0 \\ 2 \\ 0 \end{bmatrix} + \begin{bmatrix} 0 \\ 0 \\ 3 \end{bmatrix}$$

と 3 つの列ベクトルの和で表し，性質 6 を用いて計算する．

$$\begin{vmatrix} -1 & 2 & 5 \\ 2 & -1 & 3 \\ 3 & 1 & 2 \end{vmatrix} = \begin{vmatrix} -1 & 2 & 5 \\ 0 & -1 & 3 \\ 0 & 1 & 2 \end{vmatrix} + \underset{\downarrow(1)}{\begin{vmatrix} 0 & 2 & 5 \\ 2 & -1 & 3 \\ 0 & 1 & 2 \end{vmatrix}} + \underset{\downarrow(2)}{\begin{vmatrix} 0 & 2 & 5 \\ 0 & -1 & 3 \\ 3 & 1 & 2 \end{vmatrix}}$$

$$= \begin{vmatrix} -1 & 2 & 5 \\ 0 & -1 & 3 \\ 0 & 1 & 2 \end{vmatrix} - \begin{vmatrix} 2 & -1 & 3 \\ 0 & 2 & 5 \\ 0 & 1 & 2 \end{vmatrix} + \begin{vmatrix} 3 & 1 & 2 \\ 0 & 2 & 5 \\ 0 & -1 & 3 \end{vmatrix}$$

$$= (-1)\begin{vmatrix} -1 & 3 \\ 1 & 2 \end{vmatrix} - 2\begin{vmatrix} 2 & 5 \\ 1 & 2 \end{vmatrix} + 3\begin{vmatrix} 2 & 5 \\ -1 & 3 \end{vmatrix}$$

$$= 5+2+33 = 40.$$

これは第 1 列に関する展開に他ならない．ここで，↓(1) の行列式の変形は第 1 行と第 2 行を取り替える変形．↓(2) の行列式の変形は第 2 行と第 3 行を取り替え，さらに第 1 行と第 2 行を取り替える変形である．

n 次正方行列 A から，第 i 行と第 j 行を取り除いて定義される $n-1$ 次小行列を A_{ij} と書いた(37 ページ参照)．次の行(列)に関する余因子展開は，第 1 行(第 1 列)に関する展開の一般化である．

行に関する余因子展開　n 次正方行列 A の行列式は第 i 行に関して，次のように展開される．

$$|A| = (-1)^{i+1}a_{i1}|A_{i1}| + (-1)^{i+2}a_{i2}|A_{i2}| + \cdots + (-1)^{i+n}a_{in}|A_{in}|$$

列に関する余因子展開　n 次正方行列 A の行列式は第 j 列に関して，次のように展開される．

$$|A| = (-1)^{1+j}a_{1j}|A_{1j}| + (-1)^{2+j}a_{2j}|A_{2j}| + \cdots + (-1)^{n+j}a_{nj}|A_{nj}|$$

余因子と余因子行列　次のように**余因子** $\tilde{a}_{ij}$ を定義する．

Point !
正則行列の余因子行列から逆行列がわかる(定理 3.3)．

$$\tilde{a}_{ij} = (-1)^{i+j}|A_{ji}|$$

ここで，**$\tilde{a}_{ij}$ と A_{ji} の i と j の順序は逆であることに注意する．**

余因子行列 $\tilde{A}$ を行列 A の余因子を成分とする行列で定義する．

$$\tilde{A} = \begin{bmatrix} \tilde{a}_{11} & \cdots & \tilde{a}_{1n} \\ \vdots & & \vdots \\ \tilde{a}_{n1} & \cdots & \tilde{a}_{nn} \end{bmatrix}$$

▶ **例 17**　$A = \begin{bmatrix} 3 & 1 & 2 \\ 3 & 2 & 4 \\ -2 & 5 & 1 \end{bmatrix}$ とすると

Point !
余因子行列の計算である．この計算は，意外と間違いやすい．

$$\tilde{a}_{11} = (-1)^{1+1}|A_{11}| = \begin{vmatrix} 2 & 4 \\ 5 & 1 \end{vmatrix} = -18,$$

$$\tilde{a}_{12} = (-1)^{1+2}|A_{21}| = -\begin{vmatrix} 1 & 2 \\ 5 & 1 \end{vmatrix} = 9,$$

$$\tilde{a}_{13} = (-1)^{1+3}|A_{31}| = \begin{vmatrix} 1 & 2 \\ 2 & 4 \end{vmatrix} = 0, \quad \cdots$$

となるから，余因子行列 $\tilde{A}$ は

$$\tilde{A} = \begin{bmatrix} -18 & 9 & 0 \\ -11 & 7 & -6 \\ 19 & -17 & 3 \end{bmatrix}.$$

3 次正方行列 $A=\begin{bmatrix} a_{11} & a_{12} & a_{13} \\ a_{21} & a_{22} & a_{23} \\ a_{31} & a_{32} & a_{33} \end{bmatrix}$ をとり，$A\widetilde{A}=[\,c_{ij}\,]$ とおく．

まず，$i=j$ と仮定すると

$$\begin{aligned} c_{ii} &= a_{i1}\widetilde{a}_{1i}+a_{i2}\widetilde{a}_{2i}+a_{i3}\widetilde{a}_{3i} \\ &= (-1)^{i+1}a_{i1}|A_{i1}|+(-1)^{i+2}a_{i2}|A_{i2}|+(-1)^{i+3}a_{i3}|A_{i3}| \\ &= |A| \end{aligned}$$

である．ここで，$|A|$ の第 i 行に関する余因子展開を用いた．

Point !
具体的に，$i=1$，$j=3$ とする．B を a_{ij} を用いて表すと

$$\begin{bmatrix} a_{11} & a_{12} & a_{13} \\ a_{21} & a_{22} & a_{23} \\ a_{11} & a_{12} & a_{13} \end{bmatrix}$$

第 3 行は第 1 行と同じである．

次に，$i\neq j$ と仮定する．正方行列 B を，第 j 行以外の成分は A の成分と同じで，第 j 行は A の第 i 行をとった行列とする．B の第 i 行と第 j 行は等しいから，性質 4 により $|B|=0$ である．B の (l,k) 成分 $(l,k=1,2,3)$ を b_{lk} と書くと $B=[\,b_{lk}\,]$ で，$b_{jk}=a_{ik}$ $(k=1,2,3)$ が成り立つ．また，$B_{jk}=A_{jk}$ $(k=1,2,3)$ であるから

$$\widetilde{b}_{kj} = (-1)^{k+j}|B_{jk}|=(-1)^{k+j}|A_{jk}| = \widetilde{a}_{kj}$$

が成り立つ．よって

$$\begin{aligned} c_{ij} &= a_{i1}\widetilde{a}_{1j}+a_{i2}\widetilde{a}_{2j}+a_{i3}\widetilde{a}_{3j} \\ &= b_{j1}\widetilde{b}_{1j}+b_{j2}\widetilde{b}_{2j}+b_{j3}\widetilde{b}_{3j} = |B| = 0 \end{aligned}$$

となり，$i=j$ の場合と合わせて $A\widetilde{A}=dE$ $(d=|A|)$ がわかる．

同様の議論で，$\widetilde{A}A=dE$ $(d=|A|)$ も成り立つ．

一般の n 次正方行列 A に対して，定理 3.1 が成り立つ．

Point !
定理 3.1 が，余因子行列を考えるゆえんである．

定理 3.1　　**余因子行列の性質**

n 次正方行列 A に対して

$$A\widetilde{A} = \widetilde{A}A = dE \qquad (d = |A|).$$

定理 3.1 により，正則行列の逆行列が余因子行列を用いて計算できる．その前に，正則行列を行列式で記述する条件「A が正則行列 $\Leftrightarrow$ $|A|\neq 0$」をいうために，次の定理 3.2 を先に述べる．

練習 3.6　$A=\begin{bmatrix} 1 & 2 & 1 \\ 2 & -2 & 1 \\ -1 & 6 & 2 \end{bmatrix}$ に対して，$\widetilde{A}$ を計算し，$A\widetilde{A}=\widetilde{A}A=dE$ $(d=|A|)$ を確かめよ．

Point !
行列の積の行列式は，それぞれの行列の行列式の積になることを示している．

定理 3.2　**行列式の積**

A, B が n 次正方行列ならば
$$|AB| = |A||B|.$$

証明　この証明は巧みなので，$n=2$ の場合に示しておく．n が一般の場合も，全く同じ方法で示される．

$A=\begin{bmatrix} a_{11} & a_{12} \\ a_{21} & a_{22} \end{bmatrix}$, $B=\begin{bmatrix} b_{11} & b_{12} \\ b_{21} & b_{22} \end{bmatrix}$ とおき，$\begin{vmatrix} A & O \\ -E & B \end{vmatrix}$ を 2 通りに計算する．

(i)　行列式の性質 5 により
$$\begin{vmatrix} A & O \\ -E & B \end{vmatrix} = |A||B|.$$

(ii)
$$\begin{vmatrix} A & O \\ -E & B \end{vmatrix} = \begin{vmatrix} a_{11} & a_{12} & 0 & 0 \\ a_{21} & a_{22} & 0 & 0 \\ -1 & 0 & b_{11} & b_{12} \\ 0 & -1 & b_{21} & b_{22} \end{vmatrix}$$
$$= \begin{vmatrix} a_{11} & a_{12} & a_{11}b_{11}+a_{12}b_{21} & 0 \\ a_{21} & a_{22} & a_{21}b_{11}+a_{22}b_{21} & 0 \\ -1 & 0 & 0 & b_{12} \\ 0 & -1 & 0 & b_{22} \end{vmatrix}$$
↑
$\boxed{3}+\boxed{1}\times b_{11}+\boxed{2}\times b_{21}$
$$= \begin{vmatrix} a_{11} & a_{12} & a_{11}b_{11}+a_{12}b_{21} & a_{11}b_{12}+a_{12}b_{22} \\ a_{21} & a_{22} & a_{21}b_{11}+a_{22}b_{21} & a_{21}b_{12}+a_{22}b_{22} \\ -1 & 0 & 0 & 0 \\ 0 & -1 & 0 & 0 \end{vmatrix}$$
↑
$\boxed{4}+\boxed{1}\times b_{12}+\boxed{2}\times b_{22}$
$$= \begin{vmatrix} A & AB \\ -E & O \end{vmatrix}$$
$$= (-1)^2\begin{vmatrix} -E & O \\ A & AB \end{vmatrix}$$
↑
①↔③ および ②↔④
$$= (-1)^2|-E||AB| = |AB|$$

となり，(i) と (ii) より $|A||B|=|AB|$ がわかる．　終

定理 3.3　　**正則行列**

（1）　A が正則行列　$\Longleftrightarrow$　$|A|\neq 0$ である．

（2）　A が正則行列のとき，$A^{-1}=\dfrac{1}{|A|}\widetilde{A}$ となる．

Point !
正則行列の同値条件は
定理 2.5 (p. 33)，
定理 4.2 (p. 58)
にもある．

証明　(1)を示す．(2)は(1)の証明より明らかである．

(⇒)　A が正則行列とすると，A^{-1} が存在して $AA^{-1}=E$ をみたす．よって，両辺の行列式をとると，定理 3.2 により $|A||A^{-1}|=1$ となる．よって，$|A|\neq 0$ である．

Point !
逆行列を求めるには，行列の簡約化を用いる方が計算が容易なことが多い．

(⇐)　$|A|\neq 0$ と仮定する．$A\widetilde{A}=dE$ $(d=|A|\neq 0)$ であるから，$A^{-1}=\dfrac{1}{d}\widetilde{A}$ となり，A は正則行列である．　終

▶ **例 18**　$A=\begin{bmatrix}1 & 0 & 2\\ 2 & -1 & -1\\ 0 & 1 & 0\end{bmatrix}$ のとき，余因子行列 $\widetilde{A}$，行列式 $|A|$，逆行列 A^{-1} を求める．

$$a_{11}=(-1)^{1+1}|A_{11}|=\begin{vmatrix}-1 & -1\\ 1 & 0\end{vmatrix}=1,$$

$$a_{12}=(-1)^{1+2}|A_{21}|=-\begin{vmatrix}0 & 2\\ 1 & 0\end{vmatrix}=2,$$

$$a_{13}=(-1)^{1+3}|A_{31}|=\begin{vmatrix}0 & 2\\ -1 & -1\end{vmatrix}=2,\quad\cdots$$

より $\widetilde{A}=\begin{bmatrix}1 & 2 & 2\\ 0 & 0 & 5\\ 2 & -1 & -1\end{bmatrix}$．また $|A|=5$．よって，定理 3.3 (2) により

$$A^{-1}=\frac{1}{5}\begin{bmatrix}1 & 2 & 2\\ 0 & 0 & 5\\ 2 & -1 & -1\end{bmatrix}.$$

練習 3.7　$A=\begin{bmatrix}2 & 1 & -1\\ 1 & -1 & 1\\ 1 & 7 & -2\end{bmatrix}$ のとき，余因子行列 $\widetilde{A}$，行列式 $|A|$，逆行列 A^{-1} を求めよ．

連立１次方程式の解を行列式を用いて表すクラーメルの公式がある．クラーメルの公式は計算よりも理論的に重要である．

定理 3.4　**クラーメルの公式**

n 次正則行列 A を $A=[\boldsymbol{a}_1 \ \cdots \ \boldsymbol{a}_n]$ と列ベクトル表示すると，連立１次方程式 $A\boldsymbol{x}=\boldsymbol{b}$ の解は $\boldsymbol{x}=\begin{bmatrix} x_1 \\ \vdots \\ x_n \end{bmatrix}$ と書くと

$$x_i=\frac{|\boldsymbol{a}_1 \ \cdots \ \overset{\overset{i}{\downarrow}}{\boldsymbol{b}} \ \cdots \ \boldsymbol{a}_n|}{|A|} \qquad (i=1,\cdots,n).$$

Point !
連立１次方程式を解くには，簡約化を用いる方が計算は容易である．

解を $\boldsymbol{x}$ とすると $A\boldsymbol{x}=\boldsymbol{b}$ が成り立つので，$\boldsymbol{b}=x_1\boldsymbol{a}_1+\cdots+x_n\boldsymbol{a}_n$ と表される．A の第 i 列 $\boldsymbol{a}_i$ の代わりに $\boldsymbol{b}$ とする行列の行列式は

$$|\boldsymbol{a}_1 \ \cdots \ \overset{\overset{i}{\downarrow}}{\boldsymbol{b}} \ \cdots \ \boldsymbol{a}_n|=x_i|A|$$

となるから，両辺を $|A|(\neq 0)$ で割って，定理 3.4 が示される．

▶ **例 19**　$\begin{bmatrix} 3 & 1 \\ 1 & 2 \end{bmatrix}\begin{bmatrix} x_1 \\ x_2 \end{bmatrix}=\begin{bmatrix} 5 \\ 1 \end{bmatrix}$ の解を求める．

$\boldsymbol{x}=\begin{bmatrix} x_1 \\ x_2 \end{bmatrix}$ とすると，クラーメルの公式を用いて

$$x_1=\frac{\begin{vmatrix} 5 & 1 \\ 1 & 2 \end{vmatrix}}{\begin{vmatrix} 3 & 1 \\ 1 & 2 \end{vmatrix}}=\frac{9}{5}, \qquad x_2=\frac{\begin{vmatrix} 3 & 5 \\ 1 & 1 \end{vmatrix}}{\begin{vmatrix} 3 & 1 \\ 1 & 2 \end{vmatrix}}=\frac{-2}{5}=-\frac{2}{5}$$

と計算されるから

$$\begin{bmatrix} x_1 \\ x_2 \end{bmatrix}=\begin{bmatrix} 9/5 \\ -2/5 \end{bmatrix}=\frac{1}{5}\begin{bmatrix} 9 \\ -2 \end{bmatrix}.$$

練習 3.8　連立１次方程式 $\begin{bmatrix} 1 & -2 \\ 2 & 1 \end{bmatrix}\begin{bmatrix} x_1 \\ x_2 \end{bmatrix}=\begin{bmatrix} 2 \\ 3 \end{bmatrix}$ をクラーメルの公式を用いて解け．

Appendix　行列式の幾何学的意味

平面の座標を x, y とする．平面の点 P と点 Q を

$$\overrightarrow{\mathrm{OP}} = \begin{bmatrix} 3 \\ 1 \end{bmatrix}, \quad \overrightarrow{\mathrm{OQ}} = \begin{bmatrix} -1 \\ 2 \end{bmatrix}$$

にとり，行列 $A=\begin{bmatrix} 3 & -1 \\ 1 & 2 \end{bmatrix}$ とおく，$\overrightarrow{\mathrm{OP}}$ の傾きは $\dfrac{1}{3}$ である．点 Q を通り $\overrightarrow{\mathrm{OP}}$ に平行な直線を l とすると，l は

$$y-2 = \frac{1}{3}(x+1), \qquad \text{すなわち} \quad y = \frac{1}{3}x+\frac{7}{3}$$

である（図 3.1）．よって，l の y 軸切片を N とすると

$$\overrightarrow{\mathrm{ON}} = \begin{bmatrix} 0 \\ 7/3 \end{bmatrix}$$

である．

点 R を $\overrightarrow{\mathrm{OR}}=\overrightarrow{\mathrm{OP}}+\overrightarrow{\mathrm{OQ}}$ にとり（図 3.1），点 P を通り y 軸に平行な直線と l との交点を R′ とする（図 3.2）．

平行四辺形の面積は「底辺」×「高さ」である．ON を底辺と考えると，高さは 3 であるから

$$\begin{aligned} \text{平行四辺形 OPRQ の面積} &= \text{平行四辺形 OPR}'\text{N の面積} \\ &= \frac{7}{3}\times 3 = 7 \\ &= \begin{vmatrix} 3 & -1 \\ 1 & 2 \end{vmatrix} \text{ の絶対値} \end{aligned}$$

となる．ここで，絶対値をとるのは $\overrightarrow{\mathrm{OP}}$ と $\overrightarrow{\mathrm{OQ}}$ を逆にとっても面積は変わらないが，行列式は正負が変わるからである．

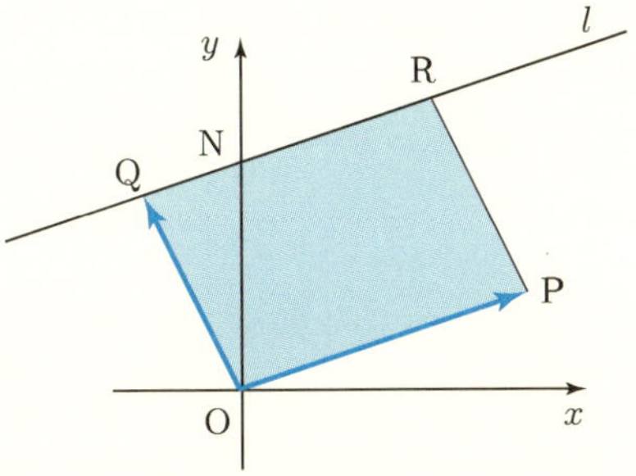

図 3.1

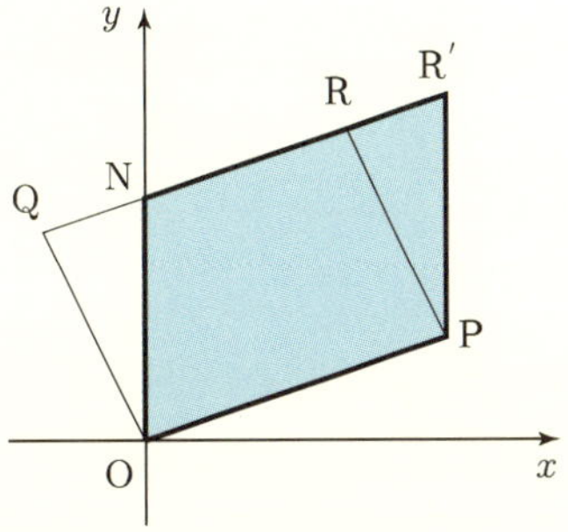

図 3.2

次に，この結果を一般の列ベクトルについて述べる．

一般のベクトルの場合　原点Oと2点P, Qを$\overrightarrow{OP}=\begin{bmatrix} a \\ c \end{bmatrix}$と$\overrightarrow{OQ}=\begin{bmatrix} b \\ d \end{bmatrix}$にとり，点Rを$\overrightarrow{OR}=\overrightarrow{OP}+\overrightarrow{OQ}$で定義する．ここで，$\begin{bmatrix} a & b \\ c & d \end{bmatrix} \neq 0$と仮定する（このとき，$\overrightarrow{OP}$と$\overrightarrow{OQ}$は1次独立である）．$\overrightarrow{OP}=\overrightarrow{QR}$であるから（図3.1），点O, P, R, Qで囲まれる四角形は平行四辺形になる．このとき

Point !
1次独立については，57ページ参照．

$$\text{平行四辺形 OPRQ の面積} = \begin{vmatrix} a & b \\ c & d \end{vmatrix} \text{の絶対値}$$

であることを示す．

まず，$a=0$のとき

$$\text{平行四辺形 OPRQ の面積} = |bc| = \begin{vmatrix} 0 & b \\ c & d \end{vmatrix} \text{の絶対値}$$

であることは容易にわかる（図3.3）．

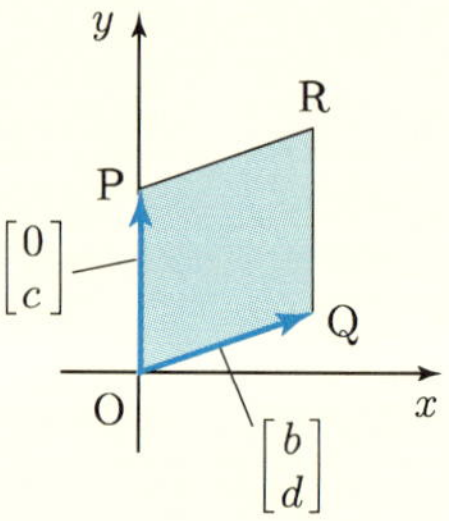

図 3.3

次に，$a\neq 0$と仮定する．点Qを通り$\overrightarrow{OP}$に平行な直線をlとすると，51ページと同様に，lは

$$y-d = \frac{c}{a}(x-b)$$

と書けるから

$$y=\frac{c}{a}x+\frac{ad-bc}{a}$$

となる．よって，lのy軸切片は

$$\mathrm{N} = \begin{bmatrix} 0 \\ (ad-bc)/a \end{bmatrix}$$

と表される．点Rを$\overrightarrow{OR}=\overrightarrow{OP}+\overrightarrow{OQ}$にとり（図3.1），点Pを通り$y$軸に平行な直線と$l$との交点をR′とすると（図3.2）

$$\begin{aligned} \text{平行四辺形 OPRQ の面積} &= \text{平行四辺形 OPR'N の面積} \\ &= \left| \frac{ad-bc}{a} \times a \right| = |ad-bc| \\ &= \begin{vmatrix} a & b \\ c & d \end{vmatrix} \text{の絶対値} \end{aligned}$$

が示される．

空間の場合　空間の 3 点 A_1, A_2, A_3 を

$$\overrightarrow{OA_1} = \begin{bmatrix} a_{11} \\ a_{21} \\ a_{31} \end{bmatrix}, \quad \overrightarrow{OA_2} = \begin{bmatrix} a_{12} \\ a_{22} \\ a_{32} \end{bmatrix}, \quad \overrightarrow{OA_3} = \begin{bmatrix} a_{13} \\ a_{23} \\ a_{33} \end{bmatrix}$$

とする．点 O, A_1, A_2, A_3 で張られる平行 6 面体の体積は

$$\begin{vmatrix} a_{11} & a_{12} & a_{13} \\ a_{21} & a_{22} & a_{23} \\ a_{31} & a_{32} & a_{33} \end{vmatrix} \text{ の絶対値}$$

であることが，同じようにして示される(図 3.4).

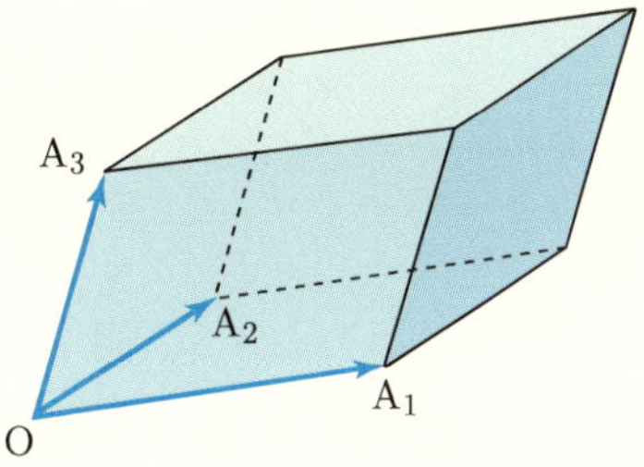

図 3.4

Point !
次元については，59 ページ参照.

同様の結果は，一般の次元の空間についても，平行体と平行体の体積をきちんと定義をすれば成り立つが，ここでは省略する.

練習 3.9　原点 O と 2 点 P, Q を

$$\overrightarrow{OP} = \begin{bmatrix} -5 \\ 2 \end{bmatrix}, \quad \overrightarrow{OQ} = \begin{bmatrix} 4 \\ 3 \end{bmatrix}$$

にとり，点 R を $\overrightarrow{OR} = \overrightarrow{OP} + \overrightarrow{OQ}$ と定義する．このとき，平行四辺形 OPRQ の面積を求めよ.

問題 3.2

略解 p. 99

1. 次の行列式の値を，与えられた行または列に関する余因子展開を用いて計算せよ(2 次の行列式には，サラスの方法を用いてよい)．

（1）$\begin{vmatrix} 2 & 5 & 3 \\ 3 & 1 & -2 \\ 2 & 2 & 1 \end{vmatrix}$ (第 1 行)　　（2）$\begin{vmatrix} 3 & 2 & -1 \\ 1 & 0 & 1 \\ 2 & 5 & 3 \end{vmatrix}$ (第 2 列)

2. 次の行列の余因子行列と逆行列を求めよ．

（1）$\begin{bmatrix} 2 & 1 \\ 3 & 1 \end{bmatrix}$　　（2）$\begin{bmatrix} 2 & 5 \\ 1 & -3 \end{bmatrix}$

（3）$\begin{bmatrix} 1 & 0 & 2 \\ 0 & 1 & -1 \\ -3 & 1 & 0 \end{bmatrix}$　　（4）$\begin{bmatrix} 2 & 1 & 2 \\ 1 & 0 & -2 \\ 0 & 3 & 1 \end{bmatrix}$

3. 次の連立 1 次方程式をクラーメルの公式を用いて解け．

（1）$\begin{bmatrix} 1 & 2 \\ 3 & -1 \end{bmatrix}\begin{bmatrix} x_1 \\ x_2 \end{bmatrix} = \begin{bmatrix} 1 \\ 2 \end{bmatrix}$　　（2）$\begin{bmatrix} 2 & -1 \\ 3 & 5 \end{bmatrix}\begin{bmatrix} x_1 \\ x_2 \end{bmatrix} = \begin{bmatrix} 2 \\ 1 \end{bmatrix}$

4. それぞれの問いに答えよ．

（1）A, B, C が n 次正方行列のとき，$\begin{vmatrix} A & B \\ C & O \end{vmatrix}$ を $|A|, |B|, |C|$ を用いて表せ．

（2）$\begin{vmatrix} 1 & 1 & 1 \\ x_1 & x_2 & x_3 \\ {x_1}^2 & {x_2}^2 & {x_3}^2 \end{vmatrix} = (x_3 - x_2)(x_3 - x_1)(x_2 - x_1)$ を示せ．

（3）$\begin{vmatrix} a & b \\ b & a \end{vmatrix}\begin{vmatrix} c & d \\ d & c \end{vmatrix}$ を 2 通りに計算して，次の等式を示せ．

$$(a^2 - b^2)(c^2 - d^2) = (ac + bd)^2 - (ad + bc)^2$$

5. 2 点 P, Q を

$$\overrightarrow{\mathrm{OP}} = \begin{bmatrix} 1 \\ 2 \end{bmatrix}, \quad \overrightarrow{\mathrm{OQ}} = \begin{bmatrix} -3 \\ 5 \end{bmatrix}$$

にとり，点 R を位置ベクトル $\overrightarrow{\mathrm{OR}} = \overrightarrow{\mathrm{OP}} + \overrightarrow{\mathrm{OQ}}$ で与えられる点とする．このとき，平行四辺形 OPRQ の面積を求めよ．

4 ベクトル空間と線形写像

4.1 ベクトル空間と部分空間

Point! 列ベクトルについては，10 ページ参照.

四則をもつ集合を体という．実数全体の集合 $\boldsymbol{R}$ は四則をもつから，体で実数体とよばれる．さて，n 次列ベクトルは $n\times1$ 行列であるから，n 次列ベクトル全体には，行列としての和とスカラー倍という 2 つの演算が定義されている．この列ベクトル全体の集合のもつ性質を一般化したのが，ベクトル空間である．

Point! ベクトル空間 V は，**和，スカラー倍**が定義された集合と思ってよい．

ベクトル空間　空でない集合 V に，次のように 2 つの演算

(和)　　$\boldsymbol{v}_1+\boldsymbol{v}_2$　　$(\boldsymbol{v}_1, \boldsymbol{v}_2\in V)$,

(スカラー倍)　　$a\boldsymbol{v}$　　$(\boldsymbol{v}\in V,\ a\in\boldsymbol{R})$

が V の中で閉じるように定義されていて，以下の性質(i)～(viii)をみたすときに，ベクトル空間という．

正確を期するために，ベクトル空間の性質をまとめておくが，(iii)以外にはあまりとらわれる必要はない．和とスカラー倍が定義された集合は，大抵これらをみたしている．

(iii)のベクトル $\boldsymbol{0}$ を，ベクトル空間 V の零ベクトルとよぶ．

ベクトル空間の性質

$\boldsymbol{v}, \boldsymbol{v}_1, \boldsymbol{v}_2, \boldsymbol{v}_3\in V,\ a, a_1, a_2\in\boldsymbol{R}$ とする．

(i)　$\boldsymbol{v}_1+\boldsymbol{v}_2=\boldsymbol{v}_2+\boldsymbol{v}_1$

(ii)　$(\boldsymbol{v}_1+\boldsymbol{v}_2)+\boldsymbol{v}_3=\boldsymbol{v}_1+(\boldsymbol{v}_2+\boldsymbol{v}_3)$

(iii)　$\boldsymbol{v}+\boldsymbol{0}=\boldsymbol{0}+\boldsymbol{v}=\boldsymbol{v}$ となる $\boldsymbol{0}\in V$ が存在する．

(iv)　$a_1(a_2\boldsymbol{v})=(a_1a_2)\boldsymbol{v}$

(v)　$(a_1+a_2)\boldsymbol{v}=a_1\boldsymbol{v}+a_2\boldsymbol{v}$

(vi)　$a(\boldsymbol{v}_1+\boldsymbol{v}_2)=a\boldsymbol{v}_1+a\boldsymbol{v}_2$

(vii)　$1\,\boldsymbol{v}=\boldsymbol{v}$

(viii)　$0\,\boldsymbol{v}=\boldsymbol{0}$

▶ 例 1　ベクトル空間の例

（1）　実数を成分とする n 次列ベクトル全体を $\boldsymbol{R}^n$ と表す．$\boldsymbol{R}^n$ は行列としての和，スカラー倍によりベクトル空間となる．

（2）　実数を係数とする高々 n 次の多項式全体 $\boldsymbol{R}[t]_n$ は，多項式の和をベクトルの和，実数倍をスカラー倍としてベクトル空間になる．

例 1 の $\boldsymbol{R}^n$, $\boldsymbol{R}[t]_n$ は典型的なベクトル空間である．

部分空間　ベクトル空間 V の部分集合 W が，V の和とスカラー倍を用いてベクトル空間になるとき，W を V の**部分空間**という．

定理 4.1　部分空間

ベクトル空間 V の部分集合 W が部分空間

$$\iff \begin{cases} (1)\ \boldsymbol{0} \in W. \\ (2)\ \boldsymbol{u}, \boldsymbol{v} \in W,\ a, b \in \boldsymbol{R} \text{ ならば } a\boldsymbol{u}+b\boldsymbol{v} \in W. \end{cases}$$

証明　(⇒)　(1), (2) をみたすことは明らかである．

(⇐)　W が (1), (2) をみたすと仮定する．(1) は W が空でないことを意味する．$\boldsymbol{0}$ でなくとも，何かのベクトルが W に存在すればそれで十分である．(2) は W が和とスカラー倍によって閉じていることを意味する．V で成り立つベクトル空間の性質は，W についても成り立つので，W はベクトル空間になる．　終

解空間　$m \times n$ 行列 A に対して，斉次連立 1 次方程式の解の全体

$$W = \{\boldsymbol{x} \in \boldsymbol{R}^n \mid A\boldsymbol{x} = \boldsymbol{0}\}$$

をとると，W は定理 4.1 の条件 (1), (2) をみたし，$\boldsymbol{R}^n$ の部分空間になる．実際

（1）　$\boldsymbol{x}=\boldsymbol{0}$ は $A\boldsymbol{x}=\boldsymbol{0}$ をみたすから，$\boldsymbol{0} \in W$ である．

（2）　$\boldsymbol{x}_1, \boldsymbol{x}_2 \in W$，$a_1, a_2 \in \boldsymbol{R}$ とする．$A\boldsymbol{x}_1=\boldsymbol{0}$，$A\boldsymbol{x}_2=\boldsymbol{0}$ だから

$$A(a_1\boldsymbol{x}_1+a_2\boldsymbol{x}_2) = a_1A\boldsymbol{x}_1+a_2A\boldsymbol{x}_2 = \boldsymbol{0}$$

となり，$a_1\boldsymbol{x}_1+a_2\boldsymbol{x}_2 \in W$ である．

この W を斉次連立 1 次方程式 $A\boldsymbol{x}=\boldsymbol{0}$ の**解空間**という．

以下では，U, V, W などは断らないかぎり，ベクトル空間であるとする．一般的なベクトル空間のベクトルは $\boldsymbol{u}, \boldsymbol{v}, \boldsymbol{w}$ などと表し，$\boldsymbol{R}^n$ のベクトル(列ベクトル)は $\boldsymbol{a}, \boldsymbol{b}, \boldsymbol{c}, \boldsymbol{x}, \boldsymbol{y}$ などと表す．

ベクトル空間については一般的な形で述べるが，$\boldsymbol{R}^n$ のことであると考えてもらってよい．特に，例としては $\boldsymbol{R}^n$ およびその部分空間を扱う．

ベクトルの1次関係　ベクトル $\boldsymbol{a}_1, \boldsymbol{a}_2, \cdots, \boldsymbol{a}_n$ が

$$c_1\boldsymbol{a}_1 + c_2\boldsymbol{a}_2 + \cdots + c_n\boldsymbol{a}_n = \boldsymbol{0} \qquad (c_1, c_2, \cdots, c_n \in \boldsymbol{R})$$

をみたすとき，これを $\boldsymbol{a}_1, \boldsymbol{a}_2, \cdots, \boldsymbol{a}_n$ の**1次関係**という．

特に，$c_1=c_2=\cdots=c_n=0$ のとき，**自明な1次関係**という．

▶ **例 2**　$\boldsymbol{R}^3$ のベクトル $\boldsymbol{a}_1=\begin{bmatrix} 1 \\ -2 \\ 1 \end{bmatrix}$, $\boldsymbol{a}_2=\begin{bmatrix} -1 \\ 0 \\ 1 \end{bmatrix}$, $\boldsymbol{a}_3=\begin{bmatrix} 1 \\ 1 \\ -2 \end{bmatrix}$ には，自明でない1次関係 $\boldsymbol{a}_1+3\,\boldsymbol{a}_2+2\,\boldsymbol{a}_3=\boldsymbol{0}$ が存在する．

1次独立と1次従属　V のベクトル $\boldsymbol{v}_1, \cdots, \boldsymbol{v}_r$ が**1次独立**であるとは，1次関係

$$c_1\boldsymbol{v}_1 + \cdots + c_r\boldsymbol{v}_r = \boldsymbol{0} \qquad (c_1, \cdots, c_r \in \boldsymbol{R})$$

は自明なもの，すなわち，$c_1=\cdots=c_r=0$ のときに限るときにいう．

$\boldsymbol{v}_1, \cdots, \boldsymbol{v}_r$ は，1次独立ではないときに**1次従属**という．

Point!
1次独立，1次従属はベクトル空間の最も基本的な概念である．

基本ベクトル　$\boldsymbol{R}^n$ のベクトルとして，特に

$$\boldsymbol{e}_1 = \begin{bmatrix} 1 \\ 0 \\ \vdots \\ \vdots \\ 0 \end{bmatrix}, \quad \boldsymbol{e}_2 = \begin{bmatrix} 0 \\ 1 \\ 0 \\ \vdots \\ 0 \end{bmatrix}, \quad \cdots, \quad \boldsymbol{e}_n = \begin{bmatrix} 0 \\ 0 \\ \vdots \\ 0 \\ 1 \end{bmatrix},$$

を考える．このベクトルの組$\{\boldsymbol{e}_1, \boldsymbol{e}_2, \cdots, \boldsymbol{e}_n\}$を，$\boldsymbol{R}^n$の**基本ベクトル**という．基本ベクトルは，自然で重要な $\boldsymbol{R}^n$ の1次独立なベクトルである．

Point!
基本ベクトルの1次独立性について，練習 4.1 で学ぼう．

練習 4.1　$\boldsymbol{R}^n$ の基本ベクトルは，1次独立であることを示せ．

Point !
14ページで述べた，列ベクトルの1次結合の一般化である．

1次結合　V のベクトル $\boldsymbol{v}$ が $\boldsymbol{u}_1, \cdots, \boldsymbol{u}_n$ の **1次結合**で書けるとは

$$\boldsymbol{v} = c_1\boldsymbol{u}_1 + \cdots + c_n\boldsymbol{u}_n$$

をみたす実数 $c_1, \cdots, c_n$ が存在するときにいう．

▶ **例 3**　$\boldsymbol{R}^3$ の任意のベクトル $\boldsymbol{a} = \begin{bmatrix} a_1 \\ a_2 \\ a_3 \end{bmatrix}$ は，基本ベクトルの組 $\{\boldsymbol{e}_1, \boldsymbol{e}_2, \boldsymbol{e}_3\}$ の1次結合で，$\boldsymbol{a} = a_1\boldsymbol{e}_1 + a_2\boldsymbol{e}_2 + a_3\boldsymbol{e}_3$ と表される．

Point !
正則行列の同値条件は
定理 2.5 (p. 33)，
定理 3.3 (p. 49)
にもある．

定理 4.2　正則行列と1次独立

n 次正方行列 A について，次の(1)，(2)は同値である．

（1）　$A = [\boldsymbol{a}_1 \ \cdots \ \boldsymbol{a}_n]$ と列ベクトル表示するとき，列ベクトル $\boldsymbol{a}_1, \cdots, \boldsymbol{a}_n$ は1次独立である．

（2）　A は正則行列である．

証明　$\boldsymbol{a}_1, \cdots, \boldsymbol{a}_n$ が1次独立である．

$\iff$　$x_1\boldsymbol{a}_1 + \cdots + x_n\boldsymbol{a}_n = \boldsymbol{0}$ の解が自明なものに限る．
（1次独立の定義）

$\iff$　$A\boldsymbol{x} = \boldsymbol{0}$ の解は自明なものに限る．
（上の主張を言い換えた）

$\iff$　A は正則行列である．
（定理 2.5(4) ⇔ 定理 2.5(5)による）　終

ベクトルがベクトル空間を生成する　V のすべてのベクトルが $\boldsymbol{v}_1, \cdots, \boldsymbol{v}_n$ の1次結合で書けるとき，$\boldsymbol{v}_1, \cdots, \boldsymbol{v}_n$ はベクトル空間 V を生成するという．

▶ **例 4**　$\boldsymbol{R}^n$ のすべてのベクトルは，例3と同様にして，$\boldsymbol{e}_1, \cdots, \boldsymbol{e}_n$ の1次結合で表されるので，基本ベクトル $\boldsymbol{e}_1, \cdots, \boldsymbol{e}_n$ は $\boldsymbol{R}^n$ を生成する．

練習 4.2　$\boldsymbol{R}^2$ は $\begin{bmatrix} 1 \\ 1 \end{bmatrix}, \begin{bmatrix} 1 \\ 0 \end{bmatrix}$ で生成されることを示せ．

基底(基)　V のベクトルの組 $\{\boldsymbol{u}_1, \cdots, \boldsymbol{u}_n\}$ が1次独立で，V を生成するときに，V の基底または基であるという．V の基底はいくつもあるが，基底に含まれるベクトルの個数は基底によらずに決まる．

Point !
ベクトル空間の基底は，ベクトル空間の次元を定義するにも必要である．

▶ **例 5**　$\boldsymbol{R}^3$ の基本ベクトルの組 $\{\boldsymbol{e}_1, \boldsymbol{e}_2, \boldsymbol{e}_3\}$ は，練習 4.1 により1次独立であり，例4により $\boldsymbol{R}^3$ を生成する．したがって，$\{\boldsymbol{e}_1, \boldsymbol{e}_2, \boldsymbol{e}_3\}$ は $\boldsymbol{R}^3$ の基底である．

標準基底　例5を一般化すると，$\boldsymbol{R}^n$ の基本ベクトルは，$\boldsymbol{R}^n$ の基底となる．この基底を，$\boldsymbol{R}^n$ の標準基底という．

ベクトル空間の次元　V の基底の個数 n を V の次元といい，$\dim V = n$ と書く．

▶ **例 6**　$\boldsymbol{R}^n$ の標準基底に含まれるベクトルの個数は n であるから，$\dim \boldsymbol{R}^n = n$ がわかる．

Point !
解空間 (p. 56)，
解の自由度 (p. 30)

解空間の次元　$\boldsymbol{R}^n$ の部分空間である解空間 $W = \{\boldsymbol{x} \in \boldsymbol{R}^n \mid A\boldsymbol{x} = \boldsymbol{0}\}$ の次元を求めておく．解空間のベクトルは，自由に動けるベクトルの1次結合で表されるから，その自由に動けるベクトルが解空間の基底になり，次元は解の自由度に他ならない．したがって

$$\begin{aligned}\dim W &= \text{連立1次方程式 } A\boldsymbol{x} = \boldsymbol{0} \text{ の解の自由度}\\ &= n - \operatorname{rank} A.\end{aligned}$$

▶ **例 7**　$A = \begin{bmatrix} 2 & 1 & 3 \\ 1 & -1 & 3 \end{bmatrix}$ とする．解空間 $W = \{\boldsymbol{x} \in \boldsymbol{R}^3 \mid A\boldsymbol{x} = \boldsymbol{0}\}$ の次元を求めよう．$\dim W = 3 - \operatorname{rank} A$ である．2章の例12の結果により (30ページ参照)，A の簡約化は

$$A \Longrightarrow \begin{bmatrix} 1 & 0 & 2 \\ 0 & 1 & -1 \end{bmatrix}$$

となるので，$\operatorname{rank} A = 2$．よって $\dim W = 3 - 2 = 1$ がわかる．

練習 4.3　$A = \begin{bmatrix} 1 & 2 & -1 \\ 2 & 1 & 1 \end{bmatrix}$ とする．次の解空間の次元を求めよ．

$$W = \{\boldsymbol{x} \in \boldsymbol{R}^3 \mid A\boldsymbol{x} = \boldsymbol{0}\}$$

問題 4.1

略解 p. 101

1. 次のベクトルは1次独立であることを示せ．

（1）$\boldsymbol{a}_1 = \begin{bmatrix} 1 \\ 0 \\ -1 \end{bmatrix}, \quad \boldsymbol{a}_2 = \begin{bmatrix} 2 \\ 2 \\ 1 \end{bmatrix}, \quad \boldsymbol{a}_3 = \begin{bmatrix} 0 \\ 1 \\ 3 \end{bmatrix}$

（2）$\boldsymbol{a}_1 = \begin{bmatrix} 0 \\ 1 \\ 1 \end{bmatrix}, \quad \boldsymbol{a}_2 = \begin{bmatrix} 1 \\ 0 \\ 2 \end{bmatrix}, \quad \boldsymbol{a}_3 = \begin{bmatrix} 2 \\ 0 \\ 2 \end{bmatrix}$

2. 次のベクトルは1次従属であることを示せ．

（1）$\boldsymbol{a}_1 = \begin{bmatrix} 2 \\ 0 \\ 1 \end{bmatrix}, \quad \boldsymbol{a}_2 = \begin{bmatrix} 1 \\ 2 \\ -1 \end{bmatrix}, \quad \boldsymbol{a}_3 = \begin{bmatrix} 3 \\ -2 \\ 3 \end{bmatrix}$

（2）$\boldsymbol{a}_1 = \begin{bmatrix} 1 \\ 2 \\ 1 \end{bmatrix}, \quad \boldsymbol{a}_2 = \begin{bmatrix} 0 \\ 1 \\ 0 \end{bmatrix}, \quad \boldsymbol{a}_3 = \begin{bmatrix} 1 \\ 0 \\ 1 \end{bmatrix}$

3. 次のベクトル $\boldsymbol{b}$ を $\boldsymbol{a}_1, \boldsymbol{a}_2$ の1次結合で表せ．

（1）$\boldsymbol{b} = \begin{bmatrix} 4 \\ 5 \end{bmatrix}, \qquad \boldsymbol{a}_1 = \begin{bmatrix} 1 \\ 2 \end{bmatrix}, \quad \boldsymbol{a}_2 = \begin{bmatrix} 2 \\ 1 \end{bmatrix}$

（2）$\boldsymbol{b} = \begin{bmatrix} 8 \\ 5 \end{bmatrix}, \qquad \boldsymbol{a}_1 = \begin{bmatrix} 1 \\ 1 \end{bmatrix}, \quad \boldsymbol{a}_2 = \begin{bmatrix} 3 \\ 2 \end{bmatrix}$

4. 次のベクトル空間の次元と1組の基底を求めよ．

（1）$W = \left\{ \begin{bmatrix} x_1 \\ x_2 \\ x_3 \end{bmatrix} \middle| \begin{bmatrix} 1 & 2 & 1 \\ 1 & 1 & -1 \end{bmatrix} \begin{bmatrix} x_1 \\ x_2 \\ x_3 \end{bmatrix} = \begin{bmatrix} 0 \\ 0 \end{bmatrix} \right\}$

（2）$W = \left\{ \begin{bmatrix} x_1 \\ x_2 \\ x_3 \\ x_4 \end{bmatrix} \middle| \begin{bmatrix} 1 & 1 & 1 & -2 \\ 1 & 1 & -1 & 4 \end{bmatrix} \begin{bmatrix} x_1 \\ x_2 \\ x_3 \\ x_4 \end{bmatrix} = \begin{bmatrix} 0 \\ 0 \end{bmatrix} \right\}$

4.2 線形変換と固有値

線形写像　ベクトル空間 U から V への写像が線形写像であるとは

$$T(c_1\boldsymbol{u}_1+c_2\boldsymbol{u}_2) = c_1T(\boldsymbol{u}_1)+c_2T(\boldsymbol{u}_2)$$

$$(\boldsymbol{u}_1, \boldsymbol{u}_2 \in U,\ \ c_1, c_2 \in \boldsymbol{R})$$

をみたすときにいう．

A を $m\times n$ 行列とする．$U=\boldsymbol{R}^n$ から $V=\boldsymbol{R}^m$ への写像 T_A を

$$T_A(\boldsymbol{a}) = A\boldsymbol{a} \qquad (\boldsymbol{a}\in\boldsymbol{R}^n)$$

と定義すると，この写像 T_A は線形写像である(練習 4.4)．

▶ **例 8**　$A=\begin{bmatrix} 2 & 1 & -1 \\ 1 & -2 & 0 \end{bmatrix}$ とすると，T_A は $\boldsymbol{R}^3$ から $\boldsymbol{R}^2$ への線形写像である．T_A を具体的に書くと

$$T_A(\boldsymbol{x}) = \begin{bmatrix} 2 & 1 & -1 \\ 1 & -2 & 0 \end{bmatrix}\begin{bmatrix} x_1 \\ x_2 \\ x_3 \end{bmatrix} = \begin{bmatrix} 2x_1+x_2-x_3 \\ x_1-2x_2 \end{bmatrix}$$

となる．

▶ **例 9**　線形写像 T は U の零ベクトル $\mathbf{0}_U$ を V の零ベクトル $\mathbf{0}_V$ にうつす．実際

$$T(\mathbf{0}_U) = T(0\,\mathbf{0}_U) = 0\,T(\mathbf{0}_U) = \mathbf{0}_V.$$

Point !
本書では，特に線形変換に重点をおいて論じる．

線形変換　V から V への線形写像を V の線形変換という．

▶ **例 10**　$A=\begin{bmatrix} 1 & 2 \\ -1 & 4 \end{bmatrix}$ とすると，T_A は $\boldsymbol{R}^2$ の線形変換である．

▶ **例 11**　V のベクトルを動かさない変換 I を，V の恒等変換という．$\boldsymbol{R}^n$ の恒等変換 I は $I=T_E$ (E：単位行列)と表される．

練習 4.4　A を 2 次正方行列とする．T_A は $\boldsymbol{R}^2$ の線形変換であることを示せ．

2 次元空間の線形変換　平面上に原点 O をとり，平面の点 P に対して，位置ベクトル $\overrightarrow{\mathrm{OP}}=\begin{bmatrix} a \\ b \end{bmatrix}$ を対応させる．平面の点 P と $\boldsymbol{R}^2$ のベクトル $\overrightarrow{\mathrm{OP}}$ は 1 対 1 に対応するから，平面の変換はベクトル空間 $\boldsymbol{R}^2$ の変換と考えられる．

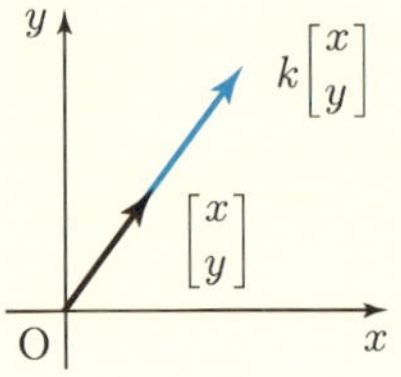

図 4.1

相似比 $\boldsymbol{k}$ の相似変換　実数 k に対して，T_{kE} を相似比 k の相似変換という．これは，すべての $\overrightarrow{\mathrm{OP}}$ を k 倍する，最も簡単な線形変換で

$$T_{kE}\left(\begin{bmatrix} x \\ y \end{bmatrix}\right)=\begin{bmatrix} k & 0 \\ 0 & k \end{bmatrix}\begin{bmatrix} x \\ y \end{bmatrix}=k\begin{bmatrix} x \\ y \end{bmatrix}$$

となる(図 4.1)．$k=1$ ならば，$A=E$ で，T_E はすべてのベクトルを動かさない恒等変換 I である．

$$T_E\left(\begin{bmatrix} x \\ y \end{bmatrix}\right)=\begin{bmatrix} 1 & 0 \\ 0 & 1 \end{bmatrix}\begin{bmatrix} x \\ y \end{bmatrix}=\begin{bmatrix} x \\ y \end{bmatrix}=I\left(\begin{bmatrix} x \\ y \end{bmatrix}\right).$$

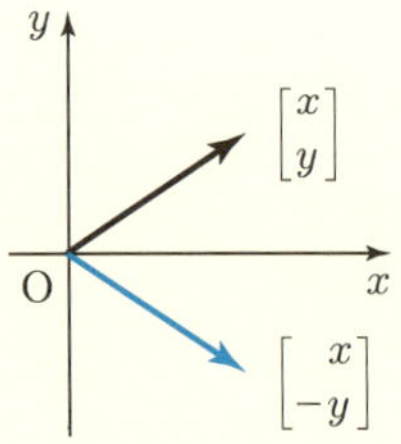

図 4.2

$\boldsymbol{x}$ 軸に関する対称変換　$A=\begin{bmatrix} 1 & 0 \\ 0 & -1 \end{bmatrix}$ とする．このとき，T_A は

$$T_A\left(\begin{bmatrix} x \\ y \end{bmatrix}\right)=\begin{bmatrix} 1 & 0 \\ 0 & -1 \end{bmatrix}\begin{bmatrix} x \\ y \end{bmatrix}=\begin{bmatrix} x \\ -y \end{bmatrix}$$

となり，x 軸に関する対称変換を与える(図 4.2)．

同様に，y 軸，原点，直線 $y=x$ に関する対称変換も，T_A の形で書ける線形変換である(練習 4.5)．

▶ **例 12**　$\boldsymbol{R}^2$ から $\boldsymbol{R}^2$ への変換で，平行移動

$$T\left(\begin{bmatrix} x \\ y \end{bmatrix}\right)=\begin{bmatrix} x+a \\ y \end{bmatrix}$$

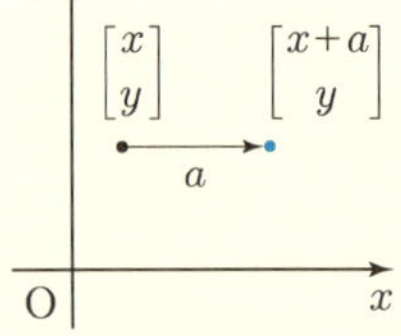

図 4.3

は，$a\neq 0$ ならば，線形変換ではない(図 4.3)．

なぜならば，$\boldsymbol{R}^2$ の零ベクトルの像は $T(\mathbf{0})=\begin{bmatrix} a \\ 0 \end{bmatrix}\neq\begin{bmatrix} 0 \\ 0 \end{bmatrix}$ となり，零ベクトルではないからである(例 9 に矛盾する)．

練習 4.5　(1) y 軸に関する対称変換，(2) 原点に関する対称変換，(3) 直線 $y=x$ に関する対称変換を T_A の形に表せ．また，グラフを描け．

Point !
回転はよく現れる線形変換である.

回転 平面の原点Oのまわりの回転も $\boldsymbol{R}^2$ の線形変換で表される.

$\boldsymbol{R}^2$ のベクトル $\overrightarrow{\mathrm{OP}}=\begin{bmatrix} x \\ y \end{bmatrix}$ をとる. x, y を極座標表示し

$$\begin{bmatrix} x \\ y \end{bmatrix} = \begin{bmatrix} r\cos\alpha \\ r\sin\alpha \end{bmatrix}$$

と書く. 角度 θ の回転 T を

$$T\left(\begin{bmatrix} x \\ y \end{bmatrix}\right) = \begin{bmatrix} x' \\ y' \end{bmatrix}$$

と表すと, T は原点Oのまわりに左回りに θ 回転させることであるから, x', y' は

Point !
右の変形には, ☞ 加法定理を用いている.

$$\begin{cases} x' = r\cos(\alpha+\theta) = r(\cos\alpha\cos\theta-\sin\alpha\sin\theta), \\ y' = r\sin(\alpha+\theta) = r(\sin\alpha\cos\theta+\cos\alpha\sin\theta) \end{cases}$$

となる(図 4.4).

極座標から直交座標に $r\cos\alpha=x$, $r\sin\alpha=y$ と, もとに戻すと

$$\begin{cases} x' = x\cos\theta-y\sin\theta, \\ y' = x\sin\theta+y\cos\theta \end{cases}$$

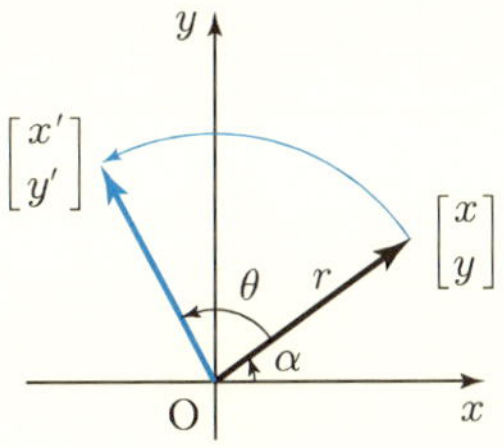

図 4.4

と書けるので

$$T\left(\begin{bmatrix} x \\ y \end{bmatrix}\right) = \begin{bmatrix} x' \\ y' \end{bmatrix} = \begin{bmatrix} \cos\theta & -\sin\theta \\ \sin\theta & \cos\theta \end{bmatrix}\begin{bmatrix} x \\ y \end{bmatrix}$$

と表される. このとき, θ を T の**回転角度**といい, 次が成り立つ.

$$T = T_A \qquad \left(A = \begin{bmatrix} \cos\theta & -\sin\theta \\ \sin\theta & \cos\theta \end{bmatrix}\right).$$

▶ **例 13** 回転角度が 60° である回転 T は

$$T\left(\begin{bmatrix} x \\ y \end{bmatrix}\right) = \begin{bmatrix} \cos 60^\circ & -\sin 60^\circ \\ \sin 60^\circ & \cos 60^\circ \end{bmatrix}\begin{bmatrix} x \\ y \end{bmatrix}$$
$$= \begin{bmatrix} 1/2 & -\sqrt{3}/2 \\ \sqrt{3}/2 & 1/2 \end{bmatrix}\begin{bmatrix} x \\ y \end{bmatrix}$$

で与えられる.

練習 4.6 回転角度が -30° の回転を行列を用いて表せ.

線形変換の合成　一般に，T, S がベクトル空間 V の線形変換であるとき，S と T の**合成変換** ST を

$$(ST)(\boldsymbol{v}) = S(T(\boldsymbol{v})) \qquad (\boldsymbol{v} \in V)$$

と定義する(図 4.5).

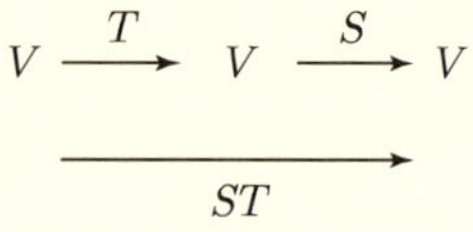

図 4.5

もし，S, T が V の線形変換ならば，ST は線形変換である．実際，S, T が V の線形変換で，$\boldsymbol{v}_1, \boldsymbol{v}_2 \in V$，$c_1, c_2 \in \boldsymbol{R}$ ならば

$$\begin{aligned}(ST)(c_1\boldsymbol{v}_1 + c_2\boldsymbol{v}_2) &= S(T(c_1\boldsymbol{v}_1 + c_2\boldsymbol{v}_2)) \\ &= S(c_1T(\boldsymbol{v}_1) + c_2T(\boldsymbol{v}_2)) \\ &= c_1(ST)(\boldsymbol{v}_1) + c_2(ST)(\boldsymbol{v}_2)\end{aligned}$$

となるので，ST は線形変換である．

▶ **例 14**　合成変換 T_AT_B は T_{AB} と書ける．実際，$\boldsymbol{x} \in \boldsymbol{R}^n$ とすると

$$\begin{aligned}(T_AT_B)(\boldsymbol{x}) &= T_A(T_B(\boldsymbol{x})) = T_A(B\boldsymbol{x}) \\ &= A(B\boldsymbol{x}) = (AB)\boldsymbol{x} = T_{AB}(\boldsymbol{x})\end{aligned}$$

となるからである．

▶ **例 15**　$A = \begin{bmatrix} 2 & 1 \\ -1 & 1 \end{bmatrix}$, $B = \begin{bmatrix} 2 & 0 \\ 1 & 1 \end{bmatrix}$ とすると，$T_AT_B = T_{AB}$ で，

$AB = \begin{bmatrix} 5 & 1 \\ -1 & 1 \end{bmatrix}$ であるから，合成変換は次のようになる．

$$(T_AT_B)\left(\begin{bmatrix} x \\ y \end{bmatrix}\right) = \begin{bmatrix} 5 & 1 \\ -1 & 1 \end{bmatrix}\begin{bmatrix} x \\ y \end{bmatrix} = \begin{bmatrix} 5x+y \\ -x+y \end{bmatrix}.$$

逆変換　V の線形変換 T が**逆変換** T^{-1} をもつとは，T^{-1} が

$$TT^{-1} = T^{-1}T = I$$

をみたすときにいう．

もし，A が正則行列ならば，A^{-1} が存在するので

$$T_AT_{A^{-1}} = T_{AA^{-1}} = T_E$$

となる．$T_{A^{-1}}T_A = I$ も同様である．

したがって，A が正則行列ならば，T_A は逆変換をもち

$$T_A{}^{-1} = T_{A^{-1}}$$

である．

練習 4.7　$A = \begin{bmatrix} 3 & 1 \\ 2 & 1 \end{bmatrix}$ とする．T_A の逆変換を求めよ．

固有値と固有ベクトル(線形変換の)　ベクトル空間 V の線形変換 T に対して，V のベクトル $\boldsymbol{v}(\neq \boldsymbol{0})$ と実数 λ が

$$T(\boldsymbol{v}) = \lambda \boldsymbol{v}$$

をみたすとき，λ を T の固有値，$\boldsymbol{v}$ を固有値 λ に属する T の固有ベクトルという．

Point !
固有ベクトルは零ベクトルではない．

▶ **例 16**　$A=\begin{bmatrix}1 & 0\\0 & 2\end{bmatrix}$ とし，$\boldsymbol{R}^2$ の線形変換 T_A を考える．

T_A の固有値は1および2で，$\boldsymbol{a}_1=\begin{bmatrix}1\\0\end{bmatrix}$，$\boldsymbol{a}_2=\begin{bmatrix}0\\1\end{bmatrix}$ とおいて計算すると

$$T_A(\boldsymbol{a}_1) = A\boldsymbol{a}_1 = \boldsymbol{a}_1,\qquad T_A(\boldsymbol{a}_2) = A\boldsymbol{a}_2 = 2\,\boldsymbol{a}_2$$

となり，$\boldsymbol{a}_1$ は固有値1に属する固有ベクトル，$\boldsymbol{a}_2$ は固有値2に属する固有ベクトルである(図4.6)．

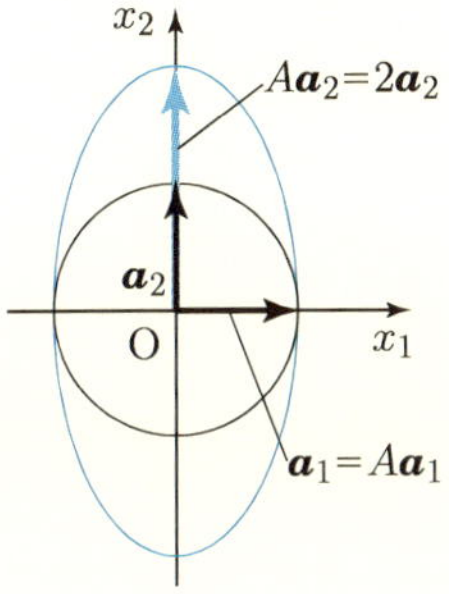

図 4.6

固有多項式　A が正方行列のとき

$$g_A(t) = |tE-A|$$

を A の固有多項式という．

▶ **例 17**　$A=\begin{bmatrix}1 & 3\\1 & -1\end{bmatrix}$ の固有多項式は

$$g_A(t) = \begin{vmatrix}t-1 & -3\\-1 & t+1\end{vmatrix} = t^2-4.$$

定理 4.3　**固有値と固有多項式**

実数 λ が T_A の固有値 $\iff$ $g_A(\lambda)=0$.

証明　λ が T_A の固有値.

$\iff$ $A\boldsymbol{x}=\lambda\boldsymbol{x}$ となるベクトル $\boldsymbol{x}$ が存在する.

$\iff$ $(\lambda E-A)\boldsymbol{x}=\boldsymbol{0}$ が自明でない解をもつ.

$\iff$ 行列 $\lambda E-A$ は正則行列ではない(定理2.5).

$\iff$ $g_A(\lambda)=|\lambda E-A|=0$ である(定理3.3(1)の対偶).　終

Point !
定理 2.5 (p. 33)，
定理 3.3 (p. 49)

練習 4.8　$A=\begin{bmatrix}2 & 4\\3 & 1\end{bmatrix}$ とする．T_A の固有値を求めよ．

Point !
例 18 は，固有値と固有ベクトルを求める計算の例である．

Point !
固有多項式の求め方は，例 17 参照．

▶ **例 18**　$A=\begin{bmatrix}1 & 3\\ 1 & -1\end{bmatrix}$ とすると，固有多項式は

$$g_A(t)=(t-2)(t+2).$$

定理 4.3 により，固有値は $g_A(t)=0$ の根 $\lambda=2,\ -2$ となる．

λ が T_A の固有値とすると，$A\boldsymbol{x}=\lambda\boldsymbol{x}$ の解が固有ベクトルであるから，$(\lambda E-A)\boldsymbol{x}=\boldsymbol{0}$ を解けば，T_A の固有ベクトルが求まる．

（1）　$(2E-A)\boldsymbol{x}=\boldsymbol{0}$ を解く．

$$2E-A=\begin{bmatrix}2-1 & -3\\ -1 & 2+1\end{bmatrix}=\begin{bmatrix}1 & -3\\ -1 & 3\end{bmatrix}$$

であるから，この行列を簡約化すると

$$2E-A=\begin{bmatrix}1 & -3\\ -1 & 3\end{bmatrix}\Longrightarrow\begin{bmatrix}1 & -3\\ 0 & 0\end{bmatrix}.$$

$x_1-3x_2=0$ を解いて，解は $\boldsymbol{x}=a\begin{bmatrix}3\\ 1\end{bmatrix}$ $(a\in\boldsymbol{R},\ a\neq0)$ である．

よって，$a\begin{bmatrix}3\\ 1\end{bmatrix}$ $(a\in\boldsymbol{R},\ a\neq0)$ が固有値 2 に属する固有ベクトル．

（2）　$(-2E-A)\boldsymbol{x}=\boldsymbol{0}$ を解く．

$$-2E-A=\begin{bmatrix}-2-1 & -3\\ -1 & -2+1\end{bmatrix}=\begin{bmatrix}-3 & -3\\ -1 & -1\end{bmatrix}$$

であるから，この行列を簡約化すると

$$-2E-A=\begin{bmatrix}-3 & -3\\ -1 & -1\end{bmatrix}\Longrightarrow\begin{bmatrix}1 & 1\\ 0 & 0\end{bmatrix}.$$

Point !
固有ベクトルは零ベクトルを除くこと．

$x_1+x_2=0$ を解いて，解は $\boldsymbol{x}=b\begin{bmatrix}-1\\ 1\end{bmatrix}$ $(b\in\boldsymbol{R},\ b\neq0)$ である．

よって，$b\begin{bmatrix}-1\\ 1\end{bmatrix}$ $(b\in\boldsymbol{R},\ b\neq0)$ が固有値 -2 に属する固有ベクトル．

練習 4.9　$A=\begin{bmatrix}2 & 4\\ 1 & -1\end{bmatrix}$ の固有多項式，および T_A の固有値，固有ベクトルを求めよ．

最後に，ケイリー・ハミルトンの定理を述べる．証明は省略する．

定理 4.4　ケイリー・ハミルトンの定理

$g_A(t)$ が正方行列 A の固有多項式ならば，$g_A(A)=O$ である．

正方行列 A を一般の多項式，例えば $f(t)=t^2+t+2$ に代入するときには，定数 2 はスカラー行列 $2E$ と考える．すなわち

$$f(A) = A^2+A+2E$$

とおくのである．

▶ **例 19**　$A=\begin{bmatrix} 5 & -1 \\ 7 & -3 \end{bmatrix}$ とし，A^5 をケイリー・ハミルトンの定理を用いて計算する．

A の固有多項式 $g_A(t)$ を計算すると

$$g_A(t) = |tE-A| = (t-4)(t+2)$$

となる．t^5 を $g_A(t)$ で割った商を $f(t)$，余りを $at+b$ とすると

$$t^5 = f(t)g_A(t)+at+b$$

であり，ケイリー・ハミルトンの定理により $g_A(A)=O$ であるから

$$A^5=aA+bE$$

となる．

a と b を求めよう．$t=4, -2$ を代入すると，それぞれ

$$4^5 = 4a+b, \qquad (-2)^5 = -2a+b$$

となる．この a と b に関する連立 1 次方程式を解くと

$$a = \frac{4^5+2^5}{6} = \frac{2^9+2^4}{3} = 176, \qquad b = \frac{2^{10}-2^6}{3} = 320$$

がわかる．したがって

$$\text{（答）}\quad A^5 = 176\begin{bmatrix} 5 & -1 \\ 7 & -3 \end{bmatrix}+320\begin{bmatrix} 1 & 0 \\ 0 & 1 \end{bmatrix} = \begin{bmatrix} 1200 & -176 \\ 1232 & -208 \end{bmatrix}.$$

練習 4.10　例 19 の A について，A^7 を計算せよ．

問題 4.2

略解 p. 102

1. $\boldsymbol{R}^2$ の次の線形変換 $T_A T_B$ を T_C の形に表せ．

（1）$A=\begin{bmatrix}\cos\alpha & -\sin\alpha \\ \sin\alpha & \cos\alpha\end{bmatrix}$, $B=\begin{bmatrix}\cos\beta & -\sin\beta \\ \sin\beta & \cos\beta\end{bmatrix}$ のとき $T_A T_B$.

（2）T_A：x 軸に関する対称変換，T_B：回転角度 θ の回転のときの $T_A T_B$.

（3）T_A：直線 $y=x$ に関する対称変換，T_B：x 軸に関する対称変換のときの $T_A T_B$.

2. 次の行列を A としたとき，A の固有多項式，および T_A の固有値，固有ベクトルを求めよ．

（1）$\begin{bmatrix}2 & 1 \\ 4 & -1\end{bmatrix}$　（2）$\begin{bmatrix}3 & 3 \\ 5 & 1\end{bmatrix}$　（3）$\begin{bmatrix}-1 & 3 \\ 1 & 1\end{bmatrix}$

（4）$\begin{bmatrix}0 & 0 & 1 \\ 0 & 1 & 0 \\ 1 & 0 & 0\end{bmatrix}$　（5）$\begin{bmatrix}5 & 2 & -4 \\ -3 & 0 & 4 \\ 6 & 6 & -1\end{bmatrix}$

3. $A=\begin{bmatrix}2 & 1 \\ 3 & 0\end{bmatrix}$ とする．ケイリー・ハミルトンの定理を用いて，次の行列を計算せよ．

（1）A^5　（2）A^8-2A^7

4. $A=\begin{bmatrix}3 & -2 \\ 2 & -2\end{bmatrix}$ とする．ケイリー・ハミルトンの定理を用いて，次の行列を計算せよ．

（1）A^5　（2）A^6-3A^5

4.3 内積空間

一般のベクトル空間に内積を定義する．

内積 $\boldsymbol{R}$ 上のベクトル空間 V のベクトル $\boldsymbol{u}, \boldsymbol{v}$ に対して，実数 $(\boldsymbol{u}, \boldsymbol{v})$ を対応させる対応 $(\ ,\ )$ が，次の 4 つの条件をみたすときに，$(\ ,\ )$ をベクトル空間 V の**内積**という $(\boldsymbol{u}, \boldsymbol{u}_1, \boldsymbol{u}_2, \boldsymbol{v} \in V,\ c \in \boldsymbol{R})$．

（1） $(\boldsymbol{u}, \boldsymbol{v}) = (\boldsymbol{v}, \boldsymbol{u})$

（2） $(\boldsymbol{u}_1 + \boldsymbol{u}_2, \boldsymbol{v}) = (\boldsymbol{u}_1, \boldsymbol{v}) + (\boldsymbol{u}_2, \boldsymbol{v})$

（3） $(c\boldsymbol{u}, \boldsymbol{v}) = c(\boldsymbol{u}, \boldsymbol{v})$

（4） $\boldsymbol{u} \neq \boldsymbol{0}$ ならば $(\boldsymbol{u}, \boldsymbol{u}) > 0$ である．

▶ **例 20** $(\boldsymbol{0}, \boldsymbol{u}) = (\boldsymbol{u}, \boldsymbol{0}) = 0$ が成り立つ．実際に，(3) を用いると

$$(\boldsymbol{0}, \boldsymbol{u}) = (0\,\boldsymbol{0}, \boldsymbol{u}) = 0(\boldsymbol{0}, \boldsymbol{u}) = 0$$

となる．これに，(1) を用いると，$(\boldsymbol{u}, \boldsymbol{0}) = (\boldsymbol{0}, \boldsymbol{u}) = 0$ もわかる．

内積空間 内積をもつ実数上のベクトル空間を**内積空間**という．

$\boldsymbol{R}^n$ には，次のように定義される自然な内積が存在する．

標準内積 ベクトル空間 $V = \boldsymbol{R}^n$ に対して，次のような内積を定義する．

$$(\boldsymbol{a}, \boldsymbol{b}) = {}^t\boldsymbol{a}\boldsymbol{b} = a_1b_1 + \cdots + a_nb_n \qquad \left(\boldsymbol{a} = \begin{bmatrix} a_1 \\ \vdots \\ a_n \end{bmatrix},\ \boldsymbol{b} = \begin{bmatrix} b_1 \\ \vdots \\ b_n \end{bmatrix}\right)$$

この内積を，ベクトル空間 $\boldsymbol{R}^n$ の**標準内積**という．

以下では，$\boldsymbol{R}^n$の内積は常にこの標準内積であると考える．つまり，内積空間 $\boldsymbol{R}^n$ は次に述べるユークリッド空間である．

Point !
§1.1 (p. 1) で述べたユークリッド空間である．

ユークリッド空間 標準内積を内積とする，内積空間 $\boldsymbol{R}^n$ を，**n 次元ユークリッド空間**という．

練習 4.11 $\boldsymbol{R}^2$ において，$\boldsymbol{a} = \begin{bmatrix} 1 \\ 3 \end{bmatrix}$，$\boldsymbol{b} = \begin{bmatrix} 2 \\ -3 \end{bmatrix}$ に対して，内積 $(\boldsymbol{a}, \boldsymbol{b})$ を求めよ．

内積空間のベクトルの角度　内積空間には2つのベクトル $\boldsymbol{u}, \boldsymbol{v}$ （$\boldsymbol{u}, \boldsymbol{v} \neq \boldsymbol{0}$）に角度が定義される．実際，$\boldsymbol{u}, \boldsymbol{v} \neq \boldsymbol{0}$ のとき，θ が2つのベクトル $\boldsymbol{u}, \boldsymbol{v}$ の間の角度であることを

$$\cos\theta = \frac{(\boldsymbol{u}, \boldsymbol{v})}{\|\boldsymbol{u}\|\|\boldsymbol{v}\|} \qquad (0 \leqq \theta \leqq \pi)$$

と定義する．

Point !
§1.1では，角度があるとして，角度を用いてベクトルの内積を定義した．

ベクトルの直交　内積空間 V のベクトル $\boldsymbol{u}$ と $\boldsymbol{v}$ が直交するとは $(\boldsymbol{u}, \boldsymbol{v}) = 0$ となるときにいい，$\boldsymbol{u} \perp \boldsymbol{v}$ と書く．$\boldsymbol{u}, \boldsymbol{v} \neq \boldsymbol{0}$ のとき，$\boldsymbol{u}$ と $\boldsymbol{v}$ が直交するのは，その間の角度 θ が $\frac{\pi}{2}$，すなわち 90° のときである．

▶ **例 21**　$\boldsymbol{R}^2$ のベクトル $\boldsymbol{a} = \begin{bmatrix} 1 \\ 2 \end{bmatrix}$ と $\boldsymbol{b} = \begin{bmatrix} -2 \\ 1 \end{bmatrix}$ は直交する．

ベクトルのノルム(長さ，大きさ)　内積空間 V のベクトル $\boldsymbol{v}$ に対して，$(\boldsymbol{v}, \boldsymbol{v}) \geqq 0$ であるから

$$\|\boldsymbol{v}\| = \sqrt{(\boldsymbol{v}, \boldsymbol{v})}$$

とおき，$\boldsymbol{v}$ のノルムという．

$\boldsymbol{v} \neq \boldsymbol{0}$ のときには $(\boldsymbol{v}, \boldsymbol{v}) > 0$ なので，$\|\boldsymbol{v}\| = 0$ となるのは，$\boldsymbol{v} = \boldsymbol{0}$ であるときに限る．

Point !
$\boldsymbol{v}$ のノルムは，
長さ，大きさ
ともいう．

▶ **例 22**　$\boldsymbol{R}^2$ のベクトル $\boldsymbol{a} = \begin{bmatrix} 1 \\ 3 \end{bmatrix}$ のノルムは，$\|\boldsymbol{a}\| = \sqrt{10}$．

正規直交基底　内積空間 V の基底 $\{\boldsymbol{v}_1, \cdots, \boldsymbol{v}_n\}$ が正規直交基底とは，$i, j = 1, 2, \cdots, n$ のとき

$$(\boldsymbol{v}_i, \boldsymbol{v}_j) = \begin{cases} 1 & (i = j) \\ 0 & (i \neq j) \end{cases}$$

が成り立つときにいう．

▶ **例 23**　$\boldsymbol{R}^n$ の標準基底 $\{\boldsymbol{e}_1, \cdots, \boldsymbol{e}_n\}$ は，$\boldsymbol{R}^n$ の正規直交基底になる．

練習 4.12　$\left\{ \frac{1}{\sqrt{2}} \begin{bmatrix} 1 \\ 1 \end{bmatrix}, \frac{1}{\sqrt{2}} \begin{bmatrix} 1 \\ -1 \end{bmatrix} \right\}$ は，$\boldsymbol{R}^2$ の正規直交基底となることを示せ．

定理 4.5 ノルムの性質

内積空間 V のノルムについて，次の(1)〜(3)が成り立つ($\boldsymbol{u}, \boldsymbol{v} \in V$，$c \in \boldsymbol{R}$)．

(1) $\|c\boldsymbol{u}\| = |c|\|\boldsymbol{u}\|$.

(2) $|(\boldsymbol{u}, \boldsymbol{v})| \leqq \|\boldsymbol{u}\|\|\boldsymbol{v}\|$ (シュヴァルツの不等式).

(3) $\|\boldsymbol{u}+\boldsymbol{v}\| \leqq \|\boldsymbol{u}\|+\|\boldsymbol{v}\|$ (三角不等式).

証明 (1)

$$\|c\boldsymbol{u}\|^2 = (c\boldsymbol{u}, c\boldsymbol{u}) = c^2(\boldsymbol{u}, \boldsymbol{u}) = c^2\|\boldsymbol{u}\|^2$$

の両辺の平方根をとる．

(2) $\boldsymbol{u}=\boldsymbol{0}$ のとき，両辺は 0 なので等号が成立する．

$\boldsymbol{u}\neq\boldsymbol{0}$ のとき，$f(t)=\|t\boldsymbol{u}+\boldsymbol{v}\|^2 \geqq$ とおくと

$$f(t) = (t\boldsymbol{u}+\boldsymbol{v},\ t\boldsymbol{u}+\boldsymbol{v}) = t^2\|\boldsymbol{u}\|^2+2t(\boldsymbol{u}, \boldsymbol{v})+\|\boldsymbol{v}\|^2$$

と表される．$\|\boldsymbol{u}\|^2>0$ なので，t に関する 2 次式 $f(t)$ は，すべての t について 0 以上である．よって

$$f(t) \geqq 0 \iff f(t) \text{の判別式は負または } 0$$

がわかる．よって，判別式は

$$(\boldsymbol{u}, \boldsymbol{v})^2-\|\boldsymbol{u}\|^2\|\boldsymbol{v}\|^2 \leqq 0$$

となる．$(\boldsymbol{u}, \boldsymbol{v})^2 \leqq \|\boldsymbol{u}\|^2\|\boldsymbol{v}\|^2$ の両辺の平方根をとり，(2)がわかる．

(3) シュヴァルツの不等式を用いると

$$\begin{aligned}\|\boldsymbol{u}+\boldsymbol{v}\|^2 &= (\boldsymbol{u}+\boldsymbol{v}, \boldsymbol{u}+\boldsymbol{v}) = \|\boldsymbol{u}\|^2+2(\boldsymbol{u}, \boldsymbol{v})+\|\boldsymbol{v}\|^2 \\ &\leqq \|\boldsymbol{u}\|^2+2\|\boldsymbol{u}\|\|\boldsymbol{v}\|+\|\boldsymbol{v}\|^2 = (\|\boldsymbol{u}\|+\|\boldsymbol{v}\|)^2.\end{aligned}$$

終

正射影 W を内積空間 V の部分空間とする．W のベクトルの組 $\{\boldsymbol{w}_1, \cdots, \boldsymbol{w}_n\}$ が正規直交基底のとき，V から W への線形写像 $P_{V/W}$ で

$$P_{V/W}(\boldsymbol{v}) = (\boldsymbol{v}, \boldsymbol{w}_1)\boldsymbol{w}_1+\cdots+(\boldsymbol{v}, \boldsymbol{w}_r)\boldsymbol{w}_r \qquad (\boldsymbol{v} \in V)$$

と定義されるものを，V から W への正射影という．

$P_{V/W}$ は W の正規直交基底の取り方によらずに決まる．このとき，任意のベクトル $\boldsymbol{v} \in V$ に対して，$\boldsymbol{v}-P_{V/W}(\boldsymbol{v})$ と W の任意のベクトルは直交する(図 4.7)．

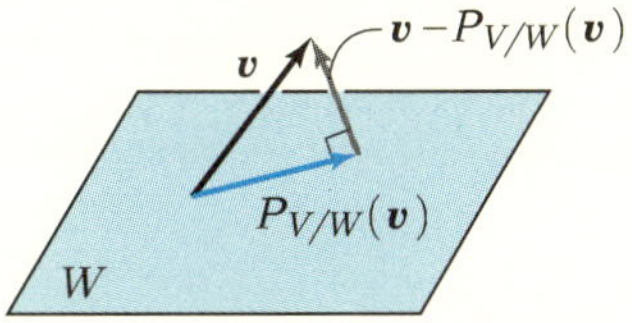

図 4.7

練習 4.13 $\boldsymbol{R}^2$ から 1 次元部分空間 $W=\left\{\begin{bmatrix} a \\ a \end{bmatrix} \middle| a \in \boldsymbol{R}\right\}$ への正射影を求めよ．

以下のシュミットの正規直交化の定理は，任意の基底から正規直交基底をつくる方法を与える．

定理 4.6　シュミットの正規直交化

内積空間 V の任意の基底 $\{\boldsymbol{v}_1, \cdots, \boldsymbol{v}_n\}$ に対して，次の(1), (2)をみたすベクトルの組 $\{\boldsymbol{u}_1, \cdots, \boldsymbol{u}_n\}$ が存在する．

（1）$\{\boldsymbol{u}_1, \cdots, \boldsymbol{u}_n\}$ は正規直交基底である．

（2）任意の r $(r=1, \cdots, n)$ に対して

$$\langle \boldsymbol{u}_1, \cdots, \boldsymbol{u}_r \rangle = \langle \boldsymbol{v}_1, \cdots, \boldsymbol{v}_r \rangle.$$

ここで，$\langle \boldsymbol{u}_1, \cdots, \boldsymbol{u}_r \rangle$ は，$\boldsymbol{u}_1, \cdots, \boldsymbol{u}_r$ で生成される V の部分空間を意味する．

証明　$n=3$ の場合について示す．図 4.8 は，ユークリッド空間の場合である．V の基底 $\{\boldsymbol{v}_1, \boldsymbol{v}_2, \boldsymbol{v}_3\}$ をとる．

（i）$\boldsymbol{v}_1$ のノルムを 1 にするために

$$\boldsymbol{u}_1 = \frac{\boldsymbol{v}_1}{\|\boldsymbol{v}_1\|}$$

とおく(図 4.9)．ベクトル $\boldsymbol{u}_1$ の作り方により，$\langle \boldsymbol{u}_1 \rangle = \langle \boldsymbol{v}_1 \rangle$ である．

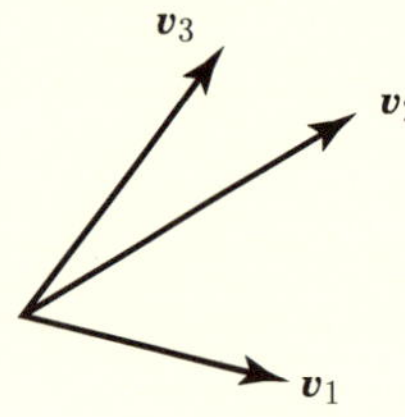

図 4.8

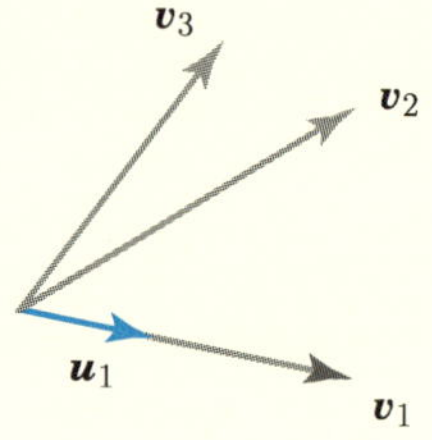

図 4.9

（ii）$\boldsymbol{v}_2$ を V の部分空間 $W_1 = \langle \boldsymbol{u}_1 \rangle$ への $\boldsymbol{v}_2$ の正射影

$$P_{V/W_1}(\boldsymbol{v}_2) = (\boldsymbol{v}_2, \boldsymbol{u}_1)\,\boldsymbol{u}_1$$

をとる．$\boldsymbol{v}_2$ からこれを引いたベクトルを

$$\boldsymbol{v}_2' = \boldsymbol{v}_2 - P_{V/W_1}(\boldsymbol{v}_2) = \boldsymbol{v}_2 - (\boldsymbol{v}_2, \boldsymbol{u}_1)\,\boldsymbol{u}_1$$

とおき(図 4.10)，$\boldsymbol{v}_2'$ を実数倍してノルムを 1 にしたものを

$$\boldsymbol{u}_2 = \frac{\boldsymbol{v}_2'}{\|\boldsymbol{v}_2'\|}$$

とおくと(図 4.11)，$\boldsymbol{u}_2$ は $\boldsymbol{u}_1$ と直交する．ベクトル $\boldsymbol{v}_2', \boldsymbol{u}_2$ の作り方により，$\langle \boldsymbol{u}_1, \boldsymbol{u}_2 \rangle = \langle \boldsymbol{v}_1, \boldsymbol{v}_2 \rangle$ である．

Point !
正射影(p. 71)に述べたように，$\boldsymbol{v}_2'$ は $\boldsymbol{u}_1$ と直交するから，$\boldsymbol{u}_2$ は $\boldsymbol{u}_1$ と直交する．

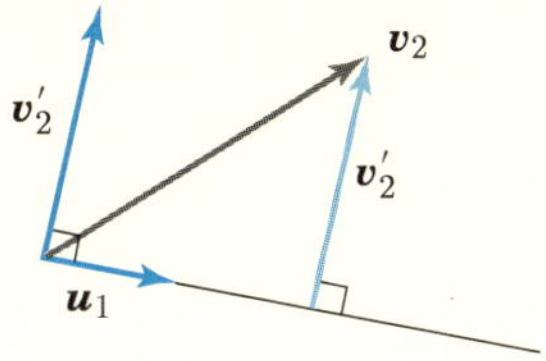

図 4.10

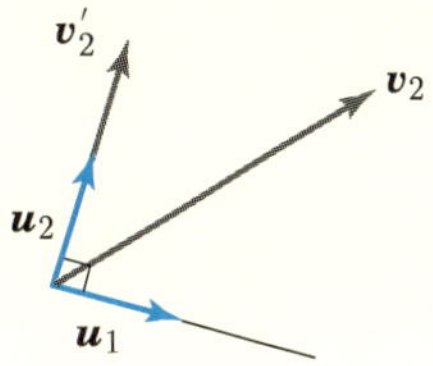

図 4.11

(iii) $\boldsymbol{v}_3$ を V の部分空間 $W_2=\langle \boldsymbol{u}_1, \boldsymbol{u}_2\rangle$ への $\boldsymbol{v}_3$ の正射影

$$P_{V/W_2}(\boldsymbol{v}_3) = (\boldsymbol{v}_3, \boldsymbol{u}_1)\boldsymbol{u}_1+(\boldsymbol{v}_3, \boldsymbol{u}_2)\boldsymbol{u}_2$$

をとる．$\boldsymbol{v}_3$ からこれを引いたベクトルを

$$\boldsymbol{v}_3' = \boldsymbol{v}_3-P_{V/W_2}(\boldsymbol{v}_3) = \boldsymbol{v}_3-(\boldsymbol{v}_3, \boldsymbol{u}_1)\boldsymbol{u}_1-(\boldsymbol{v}_3, \boldsymbol{u}_2)\boldsymbol{u}_2$$

とおき(図 4.12)，$\boldsymbol{v}_3'$ を実数倍してノルムを 1 にしたものを

$$\boldsymbol{u}_3 = \frac{\boldsymbol{v}_3'}{\|\boldsymbol{v}_3'\|}$$

とおくと(図 4.13)，$\boldsymbol{u}_3$ は $\boldsymbol{u}_1, \boldsymbol{u}_2$ と直交する．

Point !
正射影に述べたように，$\boldsymbol{v}_3'$ は $\boldsymbol{u}_1, \boldsymbol{u}_2$ と直交するから，$\boldsymbol{u}_3$ は $\boldsymbol{u}_1, \boldsymbol{u}_2$ と直交する．

このようにしてつくったベクトルの組$\{\boldsymbol{u}_1, \boldsymbol{u}_2, \boldsymbol{u}_3\}$は，$V$ の正規直交基底になり，$\langle \boldsymbol{u}_1, \boldsymbol{u}_2, \boldsymbol{u}_3\rangle=\langle \boldsymbol{v}_1, \boldsymbol{v}_2, \boldsymbol{v}_3\rangle$をみたす(図 4.13)．

よって，(i)~(iii)より，ベクトルの組$\{\boldsymbol{u}_1, \boldsymbol{u}_2, \boldsymbol{u}_3\}$は，求めるベクトルの組である．

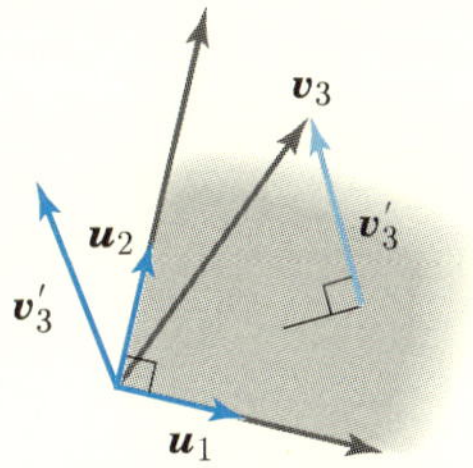

図 4.12

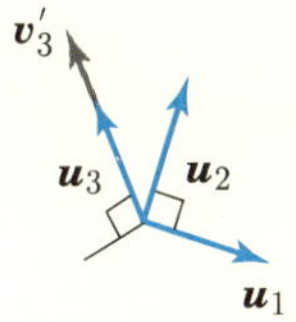

図 4.13

ここでは，$n=3$ の場合に定理を示した．$n\geqq 4$ の場合にも，同じように $\boldsymbol{u}_4, \cdots, \boldsymbol{u}_n$ をつくることにより，定理が示される． 終

練習 4.14 $\boldsymbol{R}^2$ の基底 $\left\{\boldsymbol{a}_1=\begin{bmatrix}1\\1\end{bmatrix}, \boldsymbol{a}_2=\begin{bmatrix}1\\2\end{bmatrix}\right\}$ をシュミットの正規直交化を用いて正規直交化せよ．

問題 4.3

略解 p. 105

以下では，$\boldsymbol{R}^n$ の内積は標準内積のみ考える．

1. 次のベクトルの内積を求めよ．

（1）$\begin{bmatrix} 3 \\ 1 \end{bmatrix}, \begin{bmatrix} 5 \\ 2 \end{bmatrix}$　（2）$\begin{bmatrix} -1 \\ 2 \end{bmatrix}, \begin{bmatrix} 2 \\ 3 \end{bmatrix}$　（3）$\begin{bmatrix} -2 \\ 1 \end{bmatrix}, \begin{bmatrix} 3 \\ 5 \end{bmatrix}$

2. 次のベクトルのノルムを求めよ．

（1）$\begin{bmatrix} 2 \\ 1 \end{bmatrix}$　（2）$\begin{bmatrix} 3 \\ -4 \end{bmatrix}$　（3）$\begin{bmatrix} 1 \\ 3 \end{bmatrix}$

3. 次のベクトルは直交することを示せ．

（1）$\begin{bmatrix} 3 \\ -1 \end{bmatrix}, \begin{bmatrix} 2 \\ 6 \end{bmatrix}$　（2）$\begin{bmatrix} -2 \\ -4 \end{bmatrix}, \begin{bmatrix} 2 \\ -1 \end{bmatrix}$　（3）$\begin{bmatrix} 1 \\ 6 \\ 2 \end{bmatrix}, \begin{bmatrix} 2 \\ -1 \\ 2 \end{bmatrix}$

4. 次の $\boldsymbol{R}^2$ および $\boldsymbol{R}^3$ の基底を，シュミットの正規直交化を用いて正規直交化せよ．

（1）$\left\{\begin{bmatrix} 1 \\ 2 \end{bmatrix}, \begin{bmatrix} 2 \\ 3 \end{bmatrix}\right\}$　（2）$\left\{\begin{bmatrix} 3 \\ -2 \end{bmatrix}, \begin{bmatrix} 1 \\ 0 \end{bmatrix}\right\}$

（3）$\left\{\begin{bmatrix} 1 \\ 1 \\ 0 \end{bmatrix}, \begin{bmatrix} 1 \\ 0 \\ 1 \end{bmatrix}, \begin{bmatrix} 1 \\ 2 \\ 1 \end{bmatrix}\right\}$　（4）$\left\{\begin{bmatrix} 0 \\ 2 \\ 0 \end{bmatrix}, \begin{bmatrix} 0 \\ 1 \\ 3 \end{bmatrix}, \begin{bmatrix} -1 \\ 1 \\ 0 \end{bmatrix}\right\}$

5. 次の $V=\boldsymbol{R}^3$ の部分空間 W に対して，正射影 $P_{V/W}$ を求めよ．

（1）W は V のベクトルで，$\boldsymbol{a}=\begin{bmatrix} 1 \\ 0 \\ 1 \end{bmatrix}$ と直交するもの全体．

（2）$W=\left\{\boldsymbol{x}\in\boldsymbol{R}^3 \;\middle|\; \begin{matrix} x_1+x_2+x_3=0 \\ x_1-x_2+x_3=0 \end{matrix}\right\}$

4.4 行列の対角化

さて，行列のうちでも重要な，直交行列を定義しよう．

直交行列 正方行列 P が直交行列とは

$$ {}^tPP=E $$

をみたすときにいう．

▶ **例 24** $P=\begin{bmatrix}\cos\theta & -\sin\theta\\ \sin\theta & \cos\theta\end{bmatrix}$ は直交行列である．実際

$$ {}^tPP=\begin{bmatrix}\cos\theta & \sin\theta\\ -\sin\theta & \cos\theta\end{bmatrix}\begin{bmatrix}\cos\theta & -\sin\theta\\ \sin\theta & \cos\theta\end{bmatrix}=E $$

がわかる．

定理 4.7 直交行列

n 次正方行列 P を $P=[\boldsymbol{p}_1\ \cdots\ \boldsymbol{p}_n]$ と列ベクトル表示すると

P が直交行列 $\iff$ $\{\boldsymbol{p}_1,\cdots,\boldsymbol{p}_n\}$ が $\boldsymbol{R}^n$ の正規直交基底．

証明

$$ {}^tPP=\begin{bmatrix}{}^t\boldsymbol{p}_1\boldsymbol{p}_1 & \cdots & {}^t\boldsymbol{p}_1\boldsymbol{p}_n\\ \vdots & & \vdots\\ {}^t\boldsymbol{p}_n\boldsymbol{p}_1 & \cdots & {}^t\boldsymbol{p}_n\boldsymbol{p}_n\end{bmatrix}=E $$

を，各成分についていえば

$$ {}^t\boldsymbol{p}_i\boldsymbol{p}_j=\begin{cases}1 & (i=j)\\ 0 & (i\neq j)\end{cases} \qquad (i,j=1,\cdots,n) $$

となる．

$$ (\boldsymbol{p}_i,\boldsymbol{p}_j)={}^t\boldsymbol{p}_i\boldsymbol{p}_j $$

であることから，${}^tPP=E$ と $\{\boldsymbol{p}_1,\cdots,\boldsymbol{p}_n\}$ が $\boldsymbol{R}^n$ の正規直交基底とは同値である． 終

練習 4.15 $P=\begin{bmatrix}1/\sqrt{2} & 1/\sqrt{2}\\ 1/\sqrt{2} & -1/\sqrt{2}\end{bmatrix}$ が直交行列であることを，P の列ベクトルが $\boldsymbol{R}^2$ の正規直交基底となることにより示せ．

Point !
直交変換は内積空間の内積を変えない線形変換である．

直交変換　内積空間 V の線形変換 T が直交変換であるとは

$$(T(\boldsymbol{u}), T(\boldsymbol{v})) = (\boldsymbol{u}, \boldsymbol{v}) \qquad (\boldsymbol{u}, \boldsymbol{v} \in V)$$

が成り立つとき，つまり，直交変換は内積を変えない変換である．

直交行列と直交変換については，次の定理が成り立つ．

定理 4.8　**直交行列と直交変換**

n 次正方行列 $P=[\boldsymbol{p}_1 \ \cdots \ \boldsymbol{p}_n]$ について，次が成り立つ．

P が直交行列 $\Longleftrightarrow$ T_P が $\boldsymbol{R}^n$ の直交変換．

証明　($\Rightarrow$)　定義により

$$T_P(\boldsymbol{e}_1) = P\boldsymbol{e}_1 = \boldsymbol{p}_1, \quad \cdots, \quad T_P(\boldsymbol{e}_n) = P\boldsymbol{e}_n = \boldsymbol{p}_n$$

である．定理 4.7($\Rightarrow$)により，$\{\boldsymbol{p}_1, \cdots, \boldsymbol{p}_n\}$は $\boldsymbol{R}^n$ の正規直交基底である．

$\boldsymbol{R}^n$ の任意の 2 個のベクトル $\boldsymbol{a}, \boldsymbol{b}$ を

$$\boldsymbol{a} = a_1\boldsymbol{e}_1 + \cdots + a_n\boldsymbol{e}_n, \qquad \boldsymbol{b} = b_1\boldsymbol{e}_1 + \cdots + b_n\boldsymbol{e}_n$$

と表す．T_P を施すと

Point !
直交変換に対応する行列が直交行列である．

$$T_P(\boldsymbol{a}) = a_1\boldsymbol{p}_1 + \cdots + a_n\boldsymbol{p}_n, \qquad T_P(\boldsymbol{b}) = b_1\boldsymbol{p}_1 + \cdots + b_n\boldsymbol{p}_n$$

であるので

$$(\boldsymbol{a}, \boldsymbol{b}) = a_1b_1 + \cdots + a_nb_n = (T_P(\boldsymbol{a}), T_P(\boldsymbol{b}))$$

がわかる．

($\Leftarrow$)　$T_P(\boldsymbol{e}_i) = P\boldsymbol{e}_i = \boldsymbol{p}_i$ であり

$$\begin{aligned}(\boldsymbol{p}_i, \boldsymbol{p}_j) &= (T_P(\boldsymbol{e}_i), T_P(\boldsymbol{e}_j)) \\ &= (\boldsymbol{e}_i, \boldsymbol{e}_j) \\ &= \begin{cases} 1 & (i=j) \\ 0 & (i \neq j) \end{cases} \qquad (i, j = 1, \cdots, n)\end{aligned}$$

が成り立つので，定理 4.7($\Leftarrow$)を用いると，P は直交行列であることがわかる．　終

練習 4.16　$P=\begin{bmatrix} \cos\theta & -\sin\theta \\ \sin\theta & \cos\theta \end{bmatrix}$ とする．T_P は $\boldsymbol{R}^2$ の直交変換であることを示せ．

正則行列による対角化 正方行列 A に対して，正則行列 P が存在して

$$P^{-1}AP$$

が対角行列になるとき，正方行列 A は**正則行列 P で対角化される**という．正方行列は常に対角化されるとは限らない．

定理 4.9 正則行列による対角化

n 次正方行列 A が正則行列で対角化される

$\Longleftrightarrow$ $\boldsymbol{R}^n$ は，T_A の固有ベクトルからなる基底をもつ．

証明 $n=3$ の場合について示す．

Point !
一般の n についても同様である．

($\Leftarrow$) T_A の固有ベクトルで，$\boldsymbol{R}^n$ の基底となるものを $\boldsymbol{a}_1, \boldsymbol{a}_2, \boldsymbol{a}_3$ とし，それぞれの固有ベクトルの固有値を $\lambda_1, \lambda_2, \lambda_3$ とすると

$$T_A(\boldsymbol{a}_1) = A\boldsymbol{a}_1 = \lambda_1\boldsymbol{a}_1,$$
$$T_A(\boldsymbol{a}_2) = A\boldsymbol{a}_2 = \lambda_2\boldsymbol{a}_2,$$
$$T_A(\boldsymbol{a}_3) = A\boldsymbol{a}_3 = \lambda_3\boldsymbol{a}_3$$

となる．これをまとめて書くと

Point !
定理 1.1 (p. 14) を用いる．

$$\begin{aligned} A[\boldsymbol{a}_1 \quad \boldsymbol{a}_2 \quad \boldsymbol{a}_3] &= [A\boldsymbol{a}_1 \quad A\boldsymbol{a}_2 \quad A\boldsymbol{a}_3] \\ &= [\lambda_1\boldsymbol{a}_1 \quad \lambda_2\boldsymbol{a}_2 \quad \lambda_3\boldsymbol{a}_3] \end{aligned}$$

である．$P=[\boldsymbol{a}_1 \quad \boldsymbol{a}_2 \quad \boldsymbol{a}_3]$ と P を列ベクトル表示で定義すると

$$\begin{aligned} AP &= [\lambda_1\boldsymbol{a}_1 \quad \lambda_2\boldsymbol{a}_2 \quad \lambda_3\boldsymbol{a}_3] \\ &= P\begin{bmatrix} \lambda_1 & 0 & 0 \\ 0 & \lambda_2 & 0 \\ 0 & 0 & \lambda_3 \end{bmatrix} \end{aligned}$$

と書ける．したがって

Point !
($\Rightarrow$)は，($\Leftarrow$)を逆にたどり，P の列ベクトルが T_A の固有ベクトルで，$\boldsymbol{R}^n$ の基底になることを示せばよい．

$$P^{-1}AP = \begin{bmatrix} \lambda_1 & 0 & 0 \\ 0 & \lambda_2 & 0 \\ 0 & 0 & \lambda_3 \end{bmatrix}$$

となる．よって，A は P によって対角化される．

($\Rightarrow$) 省略する． 終

練習 4.17 $A=\begin{bmatrix} 1 & 2 \\ 1 & 2 \end{bmatrix}$ を正則行列で対角化せよ．

直交行列による対角化　正方行列 A が直交行列 P で $P^{-1}AP$ が対角行列になるときに，A は直交行列 $\boldsymbol{P}$ で対角化されるという．

証明は述べないが，次の定理 4.10 が成り立つ．

Point !
定理 4.10 の事実は重要である．

定理 4.10 ―― 対称行列の直交行列による対角化

対称行列は直交行列で対角化される．

よって，対称行列は直交行列を用いて対角化される．

Point !
対称行列は，行列の成分が主対角線に関して線対称な正方行列のこと (p. 8)．
例えば
$\begin{bmatrix} 2 & 3 \\ 3 & -5 \end{bmatrix}$,
$\begin{bmatrix} 1 & 0 \\ 0 & 3 \end{bmatrix}$
は対称行列である．

定理 4.11 ―― 対称行列の固有値

A が対称行列ならば，線形変換 T_A の異なる固有値に属する固有ベクトルは直交する．

証明　$\boldsymbol{a}$ を固有値 λ に属する固有ベクトル，$\boldsymbol{b}$ を固有値 μ に属する固有ベクトルとし，$\lambda \neq \mu$ と仮定する．このとき，$A\boldsymbol{a}=\lambda\boldsymbol{a}$，$A\boldsymbol{b}=\lambda\boldsymbol{b}$ である．よって

$$\begin{aligned}\lambda(\boldsymbol{a}, \boldsymbol{b}) &= (T_A(\boldsymbol{a}), \boldsymbol{b}) = (A\boldsymbol{a}, \boldsymbol{b}) \\ &= {}^t(A\boldsymbol{a})\,\boldsymbol{b} = {}^t\boldsymbol{a}\,{}^tA\boldsymbol{b}\end{aligned}$$

となる．A は対称行列，すなわち ${}^tA=A$ であるから

$${}^tA\boldsymbol{b} = A\boldsymbol{b} = T_A(\boldsymbol{b}) = \mu\boldsymbol{b}$$

となる．したがって

$$\lambda(\boldsymbol{a}, \boldsymbol{b}) = {}^t\boldsymbol{a}A\boldsymbol{b} = {}^t\boldsymbol{a}(\mu\boldsymbol{b}) = \mu(\boldsymbol{a}, \boldsymbol{b})$$

がわかる．よって，$(\lambda-\mu)(\boldsymbol{a}, \boldsymbol{b})=0$ となる．λ と μ は異なるから $\lambda-\mu\neq 0$ であるので，$(\boldsymbol{a}, \boldsymbol{b})=0$ がわかる．

したがって，$\boldsymbol{a}$ と $\boldsymbol{b}$ は直交する．　終

▶ **例 25**　$A=\begin{bmatrix} 1 & 2 \\ 2 & 1 \end{bmatrix}$ とする．A は対称行列である．

A の固有値 3 に属する T_A の固有ベクトル $\boldsymbol{a}_1=\begin{bmatrix} 1 \\ 1 \end{bmatrix}$ と，固有値 -1 に属する固有ベクトル $\boldsymbol{a}_2=\begin{bmatrix} -1 \\ 1 \end{bmatrix}$ は，次のように直交する．

$$(\boldsymbol{a}_1, \boldsymbol{a}_2) = 1(-1)+1\cdot 1 = 0.$$

（固有値，固有ベクトルは，次の例 26 で例 18 のようにして求める.）

▶ **例 26** $A=\begin{bmatrix}1 & 2\\ 2 & 1\end{bmatrix}$ とする．A の固有多項式は

$$g_A(t) = |tE-A| = (t-3)(t+1)$$

であるから，固有値は $\lambda=3, -1$ である．

固有値 3 に属する固有ベクトルは $a\begin{bmatrix}1\\ 1\end{bmatrix}$ $(a\in\boldsymbol{R},\ a\neq 0)$，

固有値 -1 に属する固有ベクトルは $b\begin{bmatrix}-1\\ 1\end{bmatrix}$ $(b\in\boldsymbol{R},\ b\neq 0)$

が求まる．

したがって，$\boldsymbol{a}_1=\begin{bmatrix}1\\ 1\end{bmatrix}$，$\boldsymbol{a}_2=\begin{bmatrix}-1\\ 1\end{bmatrix}$ とおき，$\boldsymbol{a}_1, \boldsymbol{a}_2$ を正規直交化したベクトルを列ベクトルにもつ行列を P とすると，P は直交行列である(定理 4.7)．また，$\boldsymbol{a}_1$ と $\boldsymbol{a}_2$ は，定理 4.11 により直交するから，単に正規化(ノルムを 1 にする)すればよい．すなわち，$\boldsymbol{R}^2$ の基底 $\{\boldsymbol{a}_1, \boldsymbol{a}_2\}$ の正規直交化は

$$\left\{\frac{1}{\sqrt{2}}\begin{bmatrix}1\\ 1\end{bmatrix},\ \frac{1}{\sqrt{2}}\begin{bmatrix}-1\\ 1\end{bmatrix}\right\}$$

となる．したがって

$$P = \begin{bmatrix}1/\sqrt{2} & -1/\sqrt{2}\\ 1/\sqrt{2} & 1/\sqrt{2}\end{bmatrix}$$

ととると

$$P^{-1}AP = \begin{bmatrix}3 & 0\\ 0 & -1\end{bmatrix}$$

がわかる．

Point !
固有値と固有ベクトルの求め方は，例 18 (p. 66) 参照．

Point !
定理 4.7 P が直交行列 ⇔ P の列ベクトルの全体が $\boldsymbol{R}^n$ の正規直交基 (p. 75)．

もし，1 つの固有値に属する固有ベクトルの次元が 1 より大きいときには，シュミットの正規直交化を用いて正規化すればよい．このときにも，異なる固有値に属する固有ベクトルは直交すること(定理 4.11)を用いる．

Point !
定理 4.11 A が対称行列ならば，線形変換 T_A の異なる固有値に属する固有ベクトルは直交する (p. 78)．

練習 4.18 対称行列 $A=\begin{bmatrix}1 & \sqrt{2}\\ \sqrt{2} & 0\end{bmatrix}$ を直交行列で対角化せよ．

問題 4.4

略解 p. 108

1. 次の行列 P は直交行列であることを示せ．

（1）$P = \begin{bmatrix} \cos\pi/4 & \sin\pi/4 \\ -\sin\pi/4 & \cos\pi/4 \end{bmatrix}$

（2）$P = \begin{bmatrix} \sqrt{5}/5 & -2\sqrt{5}/5 \\ 2\sqrt{5}/5 & \sqrt{5}/5 \end{bmatrix}$

2. 次の行列 A を対角化するような正則行列 P と A の対角化を求めよ．

（1）$A = \begin{bmatrix} 2 & 1 \\ 3 & 0 \end{bmatrix}$　　（2）$A = \begin{bmatrix} 1 & 1 \\ 5 & -3 \end{bmatrix}$

（3）$A = \begin{bmatrix} 3 & 0 & 0 \\ -1 & 1 & 2 \\ 0 & 0 & 2 \end{bmatrix}$　　（4）$A = \begin{bmatrix} -1 & 0 & 0 \\ -1 & 2 & 0 \\ -1 & -2 & 1 \end{bmatrix}$

3. 次の対称行列 A を対角化するような直交行列 P と A の対角化を求めよ．

（1）$A = \begin{bmatrix} 0 & 1 \\ 1 & 0 \end{bmatrix}$　　（2）$A = \begin{bmatrix} 2 & \sqrt{3} \\ \sqrt{3} & 0 \end{bmatrix}$

（3）$A = \begin{bmatrix} 1 & 0 & \sqrt{2} \\ 0 & 2 & 0 \\ \sqrt{2} & 0 & 0 \end{bmatrix}$

4. $A=\begin{bmatrix} 2 & 1 \\ 3 & 0 \end{bmatrix}$ に対して，行列の対角化を用いて，次の行列を計算せよ．

（1）A^5　　（2）A^8

5. $A=\begin{bmatrix} 1 & 1 \\ 5 & -3 \end{bmatrix}$ に対して，行列の対角化を用いて，次の行列を計算せよ．

（1）A^7　　（2）A^{10}

練習の略解

1 章

練習 1.1 $\vec{a}+\vec{b}$ は図 1，$\vec{a}-\vec{b}$ は図 2 に表す．

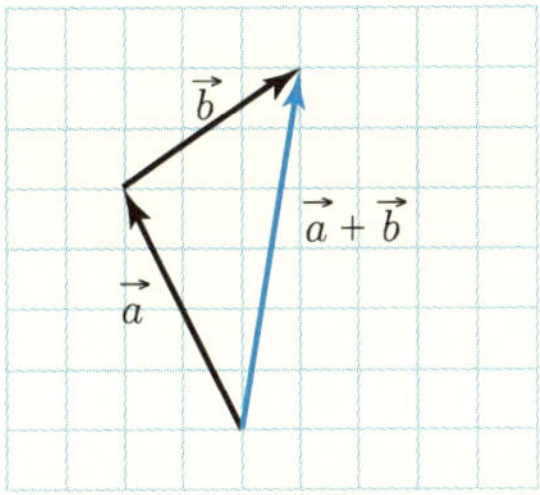

図 1

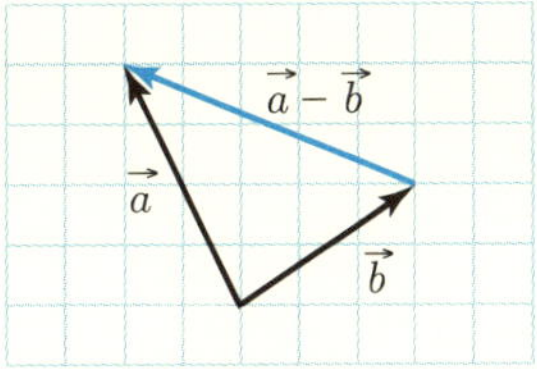

図 2

練習 1.2 正三角形の内角はすべて 60° なので

$$\vec{a}\cdot\vec{b}=|\vec{a}||\vec{b}|\cos 60^\circ=1\times1\times\frac{1}{2}=\frac{1}{2}\quad (図 3).$$

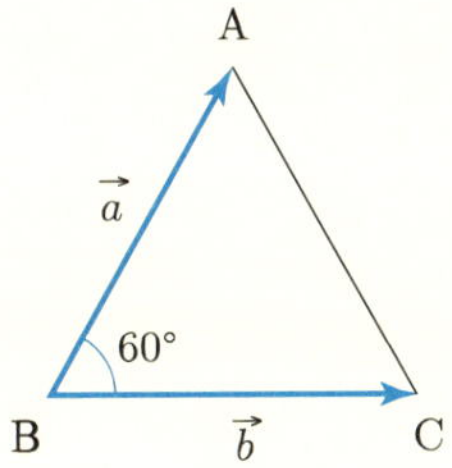

図 3

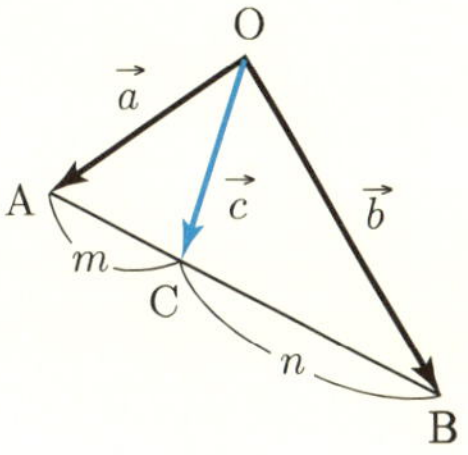

図 4

練習 1.3 点 O を原点とすると，$\vec{a}=\overrightarrow{OA}$，$\vec{b}=\overrightarrow{OB}$ で

$$\overrightarrow{AC}=\overrightarrow{OC}-\overrightarrow{OA}=\vec{c}-\vec{a},\qquad \overrightarrow{AB}=\overrightarrow{OB}-\overrightarrow{OA}=\vec{b}-\vec{a}$$

となる．点 A, C, B は一直線上に存在するので，長さを考えて

$$\overrightarrow{AC}=\frac{m}{m+n}\overrightarrow{AB}$$

である．$\overrightarrow{AC}=\vec{c}-\vec{a}$，$\overrightarrow{AB}=\vec{b}-\vec{a}$ を代入して

$$\vec{c}-\vec{a}=\frac{m}{m+n}(\vec{b}-\vec{a})$$

である．これを整理して $\vec{c}=\dfrac{n\vec{a}+m\vec{b}}{m+n}$ である（図 4）．

練習 1.4 行列 A の型は 2×3，第2行は $[-1 \quad 1 \quad 0]$，第3列は $\begin{bmatrix}1\\0\end{bmatrix}$，(2, 3) 成分は 0.

練習 1.5 対角成分は $2, 0, -1$.

練習 1.6 ${}^tA=\begin{bmatrix}2&2\\0&1\\3&-1\end{bmatrix}$

練習 1.7 （1）$\begin{bmatrix}6&0&6\\4&2&-1\end{bmatrix}$ （2）$\begin{bmatrix}2&-3&-1\\1&0&1\end{bmatrix}$

練習 1.8 $\begin{bmatrix}1&-6&2\\7&-9&14\end{bmatrix}$

練習 1.9 $\boldsymbol{a}_2=\begin{bmatrix}4\\1\end{bmatrix}$

練習 1.10 $\boldsymbol{a}=\begin{bmatrix}3\\1\\-1\end{bmatrix}$ を，$\boldsymbol{a}=c_1\boldsymbol{a}_1+c_2\boldsymbol{a}_2+c_3\boldsymbol{a}_3$ と $\boldsymbol{a}_1, \boldsymbol{a}_2, \boldsymbol{a}_3$ の1次結合で表すと

$$\begin{bmatrix}3\\1\\-1\end{bmatrix}=c_1\begin{bmatrix}1\\1\\1\end{bmatrix}+c_2\begin{bmatrix}1\\1\\0\end{bmatrix}+c_3\begin{bmatrix}1\\0\\0\end{bmatrix}$$

となる．各成分を比べると

$$\begin{cases}c_1+c_2+c_3=3\\c_1+c_2=1\\c_1=-1\end{cases}$$

が得られる．この連立1次方程式を解くと，$c_1=-1$，$c_2=2$，$c_3=2$ が得られる．よって

$$\text{(答)}\quad \begin{bmatrix}3\\1\\-1\end{bmatrix}=-\begin{bmatrix}1\\1\\1\end{bmatrix}+2\begin{bmatrix}1\\1\\0\end{bmatrix}+2\begin{bmatrix}1\\0\\0\end{bmatrix}.$$

2 章

練習 2.1 係数行列は $\begin{bmatrix}3&1\\-1&2\end{bmatrix}$，拡大係数行列は $\left[\begin{array}{cc:c}3&1&4\\-1&2&1\end{array}\right]$.

練習 2.2 (V) $\begin{cases}x=2\\y=-1\end{cases}$ ①↔②

⇓

(IV) $\begin{cases}y=-1\\x=2\end{cases}$ ②−①×3

⇓

(III) $\begin{cases}y=-1 & ①\times7\\x-3y=5\end{cases}$

⇓

$$\text{(II)}\quad \begin{cases} \phantom{x-{}}7y = -7 & ①+②\times 2 \\ x-3y = 5 & \end{cases}$$

$$\Downarrow$$

$$\text{(I)}\quad \begin{cases} 2x+y = 3 \\ x-3y = 5 \end{cases}$$

練習 2.3

1	1	4	
2	1	7	②−①×2
1	1	4	
0	−1	−1	②×(−1)
1	1	4	①−②
0	1	1	
1	0	3	
0	1	1	

(答) $\begin{bmatrix} x \\ y \end{bmatrix} = \begin{bmatrix} 3 \\ 1 \end{bmatrix}$

練習 2.4　例 5 (2)　$\begin{bmatrix} 2 & 4 & 6 & 0 \\ 0 & 0 & 0 & 1 \\ 0 & 0 & 0 & 0 \end{bmatrix} \Rightarrow \begin{bmatrix} 1 & 2 & 3 & 0 \\ 0 & 0 & 0 & 1 \\ 0 & 0 & 0 & 0 \end{bmatrix}$　第 1 行を 2 で割る.

例 5 (3)　$\begin{bmatrix} 0 & 1 & -2 & 5 \\ 1 & 0 & 0 & 2 \\ 0 & 0 & 0 & 0 \end{bmatrix} \Rightarrow \begin{bmatrix} 1 & 0 & 0 & 2 \\ 0 & 1 & -2 & 5 \\ 0 & 0 & 0 & 0 \end{bmatrix}$　第 1 行と第 2 行を入れ替える.

練習 2.5

1	1	3	
2	−3	1	②−①×2
0	1	1	
1	1	3	
0	−5	−5	②÷(−5)
0	1	1	
1	1	3	①−②
0	1	1	
0	1	1	③−②
1	0	2	
0	1	1	
0	0	0	

(答)　A の簡約化は $B = \begin{bmatrix} 1 & 0 & 2 \\ 0 & 1 & 1 \\ 0 & 0 & 0 \end{bmatrix}$.

練習 2.6　$A = \begin{bmatrix} 1 & 1 & 3 \\ 2 & -3 & 1 \\ 0 & 1 & 1 \end{bmatrix}$ を簡約化すると，練習 2.5 より，$B = \begin{bmatrix} 1 & 0 & 2 \\ 0 & 1 & 1 \\ 0 & 0 & 0 \end{bmatrix}$ となる.

B の零ベクトルでない行は，第 1 行と第 2 行の 2 つであるから，$\operatorname{rank} A = \operatorname{rank} B = 2$ である.

練習 2.7

1	1	3	1	
2	−3	1	7	②−①×2
0	1	1	1	
1	1	3	1	
0	−5	−5	5	②÷(−5)
0	1	1	1	
1	1	3	1	
0	1	1	−1	
0	1	1	1	③−②
1	1	3	1	
0	1	1	−1	
0	0	0	−2	

行列の簡約化の過程に $[0\ \ 0\ \ 0 \,\vdots\, -2]$ が存在するから

(答) 解はもたない.

3 章

練習 3.1 $\begin{vmatrix} -1 & -2 \\ 3 & -4 \end{vmatrix} = -1\,|[-4]| - (-2)\,|[3]| = 4+6 = 10$

練習 3.2 (1) $\begin{vmatrix} 2 & 3 \\ 5 & 4 \end{vmatrix} = 2\cdot 4 - 3\cdot 5 = 8-15 = -7$

(2) $\begin{vmatrix} 1 & 0 & 1 \\ 2 & 0 & 3 \\ 0 & 1 & -1 \end{vmatrix} = 1\cdot 0\cdot(-1)+0\cdot 3\cdot 0+1\cdot 2\cdot 1-1\cdot 3\cdot 1-0\cdot 2\cdot(-1)-1\cdot 0\cdot 0 = -1$

練習 3.3 $\begin{vmatrix} 2 & 1 & 1 \\ -2 & -4 & 1 \\ 0 & 1 & 2 \end{vmatrix} = 2\begin{vmatrix} -4 & 1 \\ 1 & 2 \end{vmatrix} - (-2)\begin{vmatrix} 1 & 1 \\ 1 & 2 \end{vmatrix} + 0\begin{vmatrix} 1 & 1 \\ -4 & 1 \end{vmatrix}$

$= 2(-8-1)+2(2-1) = -18+2 = -16$

練習 3.4 $\begin{vmatrix} 1 & 1 & 1 \\ -1 & -2 & 1 \\ 0 & 2 & -1 \end{vmatrix} = \begin{vmatrix} 1 & 1 & 1 \\ 0 & -1 & 2 \\ 0 & 2 & -1 \end{vmatrix} = \begin{vmatrix} -1 & 2 \\ 2 & -1 \end{vmatrix} = 1-4 = -3$

↑ ②+①　　↑ 1に関する展開

練習 3.5 $\begin{vmatrix} 1 & 2 & 0 & 0 \\ 1 & -2 & 0 & 0 \\ 3 & 6 & -1 & 3 \\ 7 & 1 & 1 & 2 \end{vmatrix} = \begin{vmatrix} 1 & 1 \\ 1 & -2 \end{vmatrix}\begin{vmatrix} -1 & 3 \\ 1 & 2 \end{vmatrix} = (-2-1)(-2-3) = 15$

練習 3.6 $\tilde{a}_{11} = |A_{11}| = \begin{vmatrix} -2 & 1 \\ 6 & 2 \end{vmatrix} = -4-6 = -10,$

$\tilde{a}_{12} = -|A_{21}| = -\begin{vmatrix} 2 & 1 \\ 6 & 2 \end{vmatrix} = -(4-6) = 2,$

$\tilde{a}_{13} = |A_{31}| = \begin{vmatrix} 2 & 1 \\ -2 & 1 \end{vmatrix} = 2-(-2) = 4,$

$$\widetilde{a}_{21} = -|A_{12}| = -\begin{vmatrix} 2 & 1 \\ -1 & 2 \end{vmatrix} = -(4-(-1)) = -5,$$

$$\widetilde{a}_{22} = |A_{22}| = \begin{vmatrix} 1 & 1 \\ -1 & 2 \end{vmatrix} = 2-(-1) = 3,$$

$$\widetilde{a}_{23} = -|A_{32}| = -\begin{vmatrix} 1 & 1 \\ 2 & 1 \end{vmatrix} = -(1-2) = 1,$$

$$\widetilde{a}_{31} = |A_{13}| = \begin{vmatrix} 2 & -2 \\ -1 & 6 \end{vmatrix} = 12-2 = 10,$$

$$\widetilde{a}_{32} = -|A_{23}| = -\begin{vmatrix} 1 & 2 \\ -1 & 6 \end{vmatrix} = -(6-(-2)) = -8,$$

$$\widetilde{a}_{33} = |A_{33}| = \begin{vmatrix} 1 & 2 \\ 2 & -2 \end{vmatrix} = -2-4 = -6.$$

よって

$$\widetilde{A} = \begin{bmatrix} -10 & 2 & 4 \\ -5 & 3 & 1 \\ 10 & -8 & -6 \end{bmatrix}.$$

実際に計算すると

$$A\widetilde{A} = \widetilde{A}A = \begin{bmatrix} -10 & 0 & 0 \\ 0 & -10 & 0 \\ 0 & 0 & -10 \end{bmatrix} = -10\begin{bmatrix} 1 & 0 & 0 \\ 0 & 1 & 0 \\ 0 & 0 & 1 \end{bmatrix}, \qquad |A| = -10.$$

練習 3.7　$\widetilde{a}_{11} = |A_{11}| = \begin{vmatrix} -1 & 1 \\ 7 & -2 \end{vmatrix} = 2-7 = -5,$

$$\widetilde{a}_{12} = -|A_{21}| = -\begin{vmatrix} 1 & -1 \\ 7 & -2 \end{vmatrix} = -(-2-(-7)) = -5,$$

$$\widetilde{a}_{13} = |A_{31}| = \begin{vmatrix} 1 & -1 \\ -1 & 1 \end{vmatrix} = 1-1 = 0,$$

$$\widetilde{a}_{21} = -|A_{12}| = -\begin{vmatrix} 1 & 1 \\ 1 & -2 \end{vmatrix} = -(-2-1) = 3,$$

$$\widetilde{a}_{22} = |A_{22}| = \begin{vmatrix} 2 & -1 \\ 1 & -2 \end{vmatrix} = -4-(-1) = -3,$$

$$\widetilde{a}_{23} = -|A_{32}| = -\begin{vmatrix} 2 & -1 \\ 1 & 1 \end{vmatrix} = -(2-(-1)) = -3,$$

$$\widetilde{a}_{31} = |A_{13}| = \begin{vmatrix} 1 & -1 \\ 1 & 7 \end{vmatrix} = 7-(-1) = 8,$$

$$\widetilde{a}_{32} = -|A_{23}| = -\begin{vmatrix} 2 & 1 \\ 1 & 7 \end{vmatrix} = -(14-1) = -13,$$

$$\widetilde{a}_{33} = |A_{33}| = \begin{vmatrix} 2 & 1 \\ 1 & -1 \end{vmatrix} = -2-1 = -3.$$

(答)　$\widetilde{A} = \begin{bmatrix} -5 & -5 & 0 \\ 3 & -3 & -3 \\ 8 & -13 & -3 \end{bmatrix}, \qquad |A| = -15, \qquad A^{-1} = -\dfrac{1}{15}\begin{bmatrix} -5 & -5 & 0 \\ 3 & -3 & -3 \\ 8 & -13 & -3 \end{bmatrix}.$

練習 3.8　$x_1 = \dfrac{\begin{vmatrix} 2 & -2 \\ 3 & 1 \end{vmatrix}}{\begin{vmatrix} 1 & -2 \\ 2 & 1 \end{vmatrix}} = \dfrac{8}{5}$,　$x_2 = \dfrac{\begin{vmatrix} 1 & 2 \\ 2 & 3 \end{vmatrix}}{\begin{vmatrix} 1 & -2 \\ 2 & 1 \end{vmatrix}} = \dfrac{-1}{5} = -\dfrac{1}{5}$

練習 3.9　Appendix の内容から (52 ページ参照)

$$\text{平行四辺形 OPRQ の面積} = \begin{vmatrix} -5 & 4 \\ 2 & 3 \end{vmatrix} \text{の絶対値} = -23 \text{ の絶対値}$$

したがって，平行四辺形 OPRQ の面積は 23 である．

4 章

練習 4.1　$c_1\boldsymbol{e}_1 + c_2\boldsymbol{e}_2 + \cdots + c_n\boldsymbol{e}_n = \boldsymbol{0}$ とおく．この両辺は

$$\begin{bmatrix} c_1 \\ c_2 \\ \vdots \\ c_n \end{bmatrix} = \begin{bmatrix} 0 \\ 0 \\ \vdots \\ 0 \end{bmatrix}$$

となるから，$c_1 = c_2 = \cdots = c_n = 0$ である．よって，1 次独立である．

練習 4.2　$\boldsymbol{R}^2$ の任意のベクトル $\begin{bmatrix} a \\ b \end{bmatrix}$ は

$$\begin{bmatrix} a \\ b \end{bmatrix} = b\begin{bmatrix} 1 \\ 1 \end{bmatrix} + (a-b)\begin{bmatrix} 1 \\ 0 \end{bmatrix}$$

となり，$\begin{bmatrix} 1 \\ 1 \end{bmatrix}$, $\begin{bmatrix} 1 \\ 0 \end{bmatrix}$ の 1 次結合で表される．よって，$\boldsymbol{R}^2$ は $\begin{bmatrix} 1 \\ 1 \end{bmatrix}$, $\begin{bmatrix} 1 \\ 0 \end{bmatrix}$ で生成される．

練習 4.3　A を簡約化する．

1	2	−1	
②	1	1	②−①×2
1	2	−1	
0	−3	3	②÷(−3)
1	2	−1	①−②×2
0	1	−1	
1	0	1	
0	1	−1	

この計算によって

$$A \;\Rightarrow\; \begin{bmatrix} 1 & 0 & 1 \\ 0 & 1 & -1 \end{bmatrix}$$

となるから，rank $A=2$ である．したがって，$\dim W = 3 - \text{rank}\, A = 3 - 2 = 1$.

練習 4.4　$\boldsymbol{a}_1, \boldsymbol{a}_2$ を $\boldsymbol{R}^2$ の任意のベクトルとし，$c_1, c_2 \in \boldsymbol{R}$ とすると

$$\begin{aligned} T_A(c_1\boldsymbol{a}_1 + c_2\boldsymbol{a}_2) &= A(c_1\boldsymbol{a}_1 + c_2\boldsymbol{a}_2) \\ &= c_1A\boldsymbol{a}_1 + c_2A\boldsymbol{a}_2 \\ &= c_1T_A(\boldsymbol{a}_1) + c_2T_A(\boldsymbol{a}_2) \end{aligned}$$

であるから，T_A は線形写像である．

練習 4.5　(1)　y 軸対称で x の符号が変わり，y は不変である．よって，$\begin{bmatrix} x \\ y \end{bmatrix}$ は $\begin{bmatrix} -x \\ y \end{bmatrix}$ にうつる．したがって，y 軸対称変換は

$$T_A\left(\begin{bmatrix} x \\ y \end{bmatrix}\right) = \begin{bmatrix} -1 & 0 \\ 0 & 1 \end{bmatrix}\begin{bmatrix} x \\ y \end{bmatrix} \quad (図 5).$$

(2)　原点対称で，x, y はともに符号が変わる．よって，$\begin{bmatrix} x \\ y \end{bmatrix}$ は $\begin{bmatrix} -x \\ -y \end{bmatrix}$ にうつる．したがって，原点対称変換は

$$T_A\left(\begin{bmatrix} x \\ y \end{bmatrix}\right) = \begin{bmatrix} -1 & 0 \\ 0 & -1 \end{bmatrix}\begin{bmatrix} x \\ y \end{bmatrix} \quad (図 6).$$

(3)　直線 $y=x$ に関する対称変換で，$\begin{bmatrix} x \\ y \end{bmatrix}$ は $\begin{bmatrix} y \\ x \end{bmatrix}$ にうつる．したがって，$y=x$ に関する対称変換は

$$T_A\left(\begin{bmatrix} x \\ y \end{bmatrix}\right) = \begin{bmatrix} 0 & 1 \\ 1 & 0 \end{bmatrix}\begin{bmatrix} x \\ y \end{bmatrix} \quad (図 7).$$

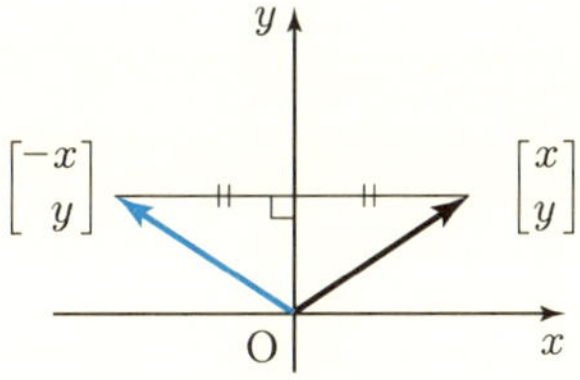

図 5

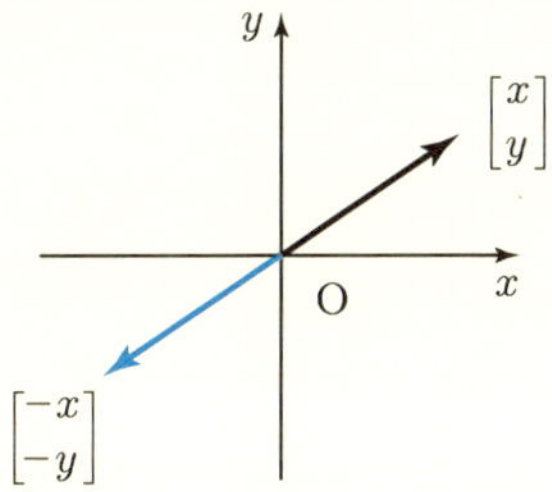

図 6

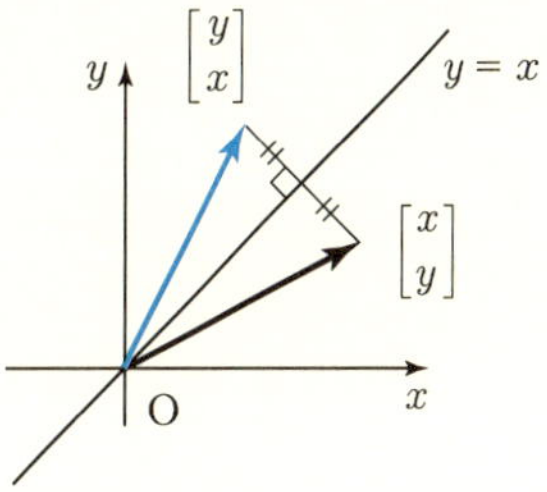

図 7

練習 4.6　回転角度が$-30°$の回転 T は $T=T_A$ と書ける．ここで

$$A = \begin{bmatrix} \cos(-30°) & -\sin(-30°) \\ \sin(-30°) & \cos(-30°) \end{bmatrix} = \begin{bmatrix} \sqrt{3}/2 & 1/2 \\ -1/2 & \sqrt{3}/2 \end{bmatrix}.$$

練習 4.7　A が正則行列ならば，T_A の逆変換は $T_{A^{-1}}$ である．$A^{-1}=\begin{bmatrix} 1 & -1 \\ -2 & 3 \end{bmatrix}$ であるから

$$T_A{}^{-1} = T_{A^{-1}} \qquad \left(A^{-1}=\begin{bmatrix} 1 & -1 \\ -2 & 3 \end{bmatrix}\right).$$

練習 4.8　固有多項式は

$$g_A(t) = \begin{vmatrix} t-2 & -4 \\ -3 & t-1 \end{vmatrix} = (t-2)(t-1)-12 = t^2-3t-10$$
$$= (t-5)(t+2).$$

よって，固有値は $\lambda=5, -2$.

練習 4.9　固有多項式は

$$g_A(t) = \begin{vmatrix} t-2 & -4 \\ -1 & t+1 \end{vmatrix} = (t-2)(t+1)-4 = t^2-t-6$$
$$= (t-3)(t+2).$$

よって，固有値は $\lambda=3, -2$.

固有ベクトルを求める．例 18 のように，$(3E-A)\boldsymbol{x}=\boldsymbol{0}$ を解く．

$$3E-A=\begin{bmatrix}3-2 & -4\\ -1 & 3+1\end{bmatrix}=\begin{bmatrix}1 & -4\\ -1 & 4\end{bmatrix}$$

であるから，この行列を簡約化すると

$$3E-A=\begin{bmatrix}1 & -4\\ -1 & 4\end{bmatrix}\ \Rightarrow\ \begin{bmatrix}1 & -4\\ 0 & 0\end{bmatrix}$$

となる．$x_1-4x_2=0$ を解いて，解は

$$\boldsymbol{x}=a\begin{bmatrix}4\\ 1\end{bmatrix}\qquad (a\in\boldsymbol{R},\ a\neq 0).$$

$(-2E-A)\boldsymbol{x}=\boldsymbol{0}$ を解く．

$$-2E-A=\begin{bmatrix}-2-2 & -4\\ -1 & -2+1\end{bmatrix}=\begin{bmatrix}-4 & -4\\ -1 & -1\end{bmatrix}$$

であるから，この行列を簡約化すると

$$-2E-A=\begin{bmatrix}-4 & -4\\ -1 & -1\end{bmatrix}\ \Rightarrow\ \begin{bmatrix}1 & 1\\ 0 & 0\end{bmatrix}$$

となる．$x_1+x_2=0$ を解いて，解は

$$\boldsymbol{x}=b\begin{bmatrix}-1\\ 1\end{bmatrix}\qquad (b\in\boldsymbol{R},\ b\neq 0).$$

したがって，固有値 3 に属する固有ベクトルは $a\begin{bmatrix}4\\ 1\end{bmatrix}$ $(a\in\boldsymbol{R},\ a\neq 0)$，固有値 -2 に属する固有ベクトルは $b\begin{bmatrix}-1\\ 1\end{bmatrix}$ $(b\in\boldsymbol{R},\ b\neq 0)$．

練習 4.10　例 19 と同様にして，$t^7=f(t)g_A(t)+at+b$ となる a, b を求める．

$$4^7=4a+b,\qquad (-2)^7=-2a+b$$

である．この a と b に関する連立 1 次方程式を解くと

$$a=\frac{2^{14}+2^7}{6}=\frac{2^{13}+2^6}{3}=2752,\qquad b=\frac{2^{14}-2^8}{3}=5376$$

がわかる．したがって

$$A^7=2752\begin{bmatrix}5 & -1\\ 7 & -3\end{bmatrix}+5376\begin{bmatrix}1 & 0\\ 0 & 1\end{bmatrix}=\begin{bmatrix}19136 & -2752\\ 19264 & -2880\end{bmatrix}.$$

練習 4.11　$(\boldsymbol{a}, \boldsymbol{b})=1\cdot 2+3(-3)=-7$.

練習 4.12　$\boldsymbol{a}_1=\dfrac{1}{\sqrt{2}}\begin{bmatrix}1\\ 1\end{bmatrix}$，$\boldsymbol{a}_2=\dfrac{1}{\sqrt{2}}\begin{bmatrix}1\\ -1\end{bmatrix}$ とおく．

$$(\boldsymbol{a}_1, \boldsymbol{a}_1)=\frac{1}{2}(1\cdot 1+1\cdot 1)=1,$$

$$(\boldsymbol{a}_1, \boldsymbol{a}_2)=\frac{1}{2}(1\cdot 1+1\cdot(-1))=0,$$

$$(\boldsymbol{a}_2, \boldsymbol{a}_2)=\frac{1}{2}(1\cdot 1+(-1)\cdot(-1))=1.$$

よって，$\{\boldsymbol{a}_1, \boldsymbol{a}_2\}$ は正規直交基底である．

練習 4.13 $\boldsymbol{w}=\frac{1}{\sqrt{2}}\begin{bmatrix}1\\1\end{bmatrix}$ とおくと，$\{\boldsymbol{w}\}$ は W の正規直交基底である．よって，$\boldsymbol{v}=\begin{bmatrix}a_1\\a_2\end{bmatrix}$ を $\boldsymbol{R}^2$ の任意のベクトルとすると

$$\begin{aligned}P_{V/W}(\boldsymbol{v}) &= (\boldsymbol{v}, \boldsymbol{w})\,\boldsymbol{w}\\ &= \frac{a_1+a_2}{\sqrt{2}}\frac{1}{\sqrt{2}}\begin{bmatrix}1\\1\end{bmatrix} = \frac{a_1+a_2}{2}\begin{bmatrix}1\\1\end{bmatrix}.\end{aligned}$$

練習 4.14 $\boldsymbol{a}_1$ のノルムを 1 にするために

$$\boldsymbol{b}_1 = \frac{\boldsymbol{a}}{\|\boldsymbol{a}\|} = \frac{1}{\sqrt{2}}\begin{bmatrix}1\\1\end{bmatrix}$$

とおく．次に，$\boldsymbol{b}_2'=\boldsymbol{a}_2-(\boldsymbol{a}_2, \boldsymbol{b}_1)\,\boldsymbol{b}_1$ とおくと

$$\boldsymbol{b}_2' = \begin{bmatrix}1\\2\end{bmatrix}-\frac{3}{\sqrt{2}}\frac{1}{\sqrt{2}}\begin{bmatrix}1\\1\end{bmatrix} = \begin{bmatrix}-1/2\\1/2\end{bmatrix}$$

である．$\boldsymbol{b}_2'$ のノルムを 1 にしたものを

$$\boldsymbol{b}_2 = \frac{\boldsymbol{b}_2'}{\|\boldsymbol{b}_2'\|} = \frac{1}{\sqrt{2}}\begin{bmatrix}-1\\1\end{bmatrix}$$

とおく．このようにしてつくったベクトルの組 $\{\boldsymbol{b}_1, \boldsymbol{b}_2\}$ は，シュミットの正規直交化で，基底 $\{\boldsymbol{a}_1, \boldsymbol{a}_2\}$ を正規直交化したものである．

練習 4.15 この 2 つのベクトルは，練習 4.12 で正規直交基底であることを示した．

練習 4.16 P は直交行列であるから（例 24），T_P は直交変換である．

練習 4.17 A の固有多項式は $g_A(t)=|tE-A|=t(t-3)$ であるから，T_A の固有値は $\lambda=3, 0$.

T_A の固有値 3 に属する固有ベクトルとして，$(3E-A)\boldsymbol{x}=\boldsymbol{0}$ の解の 1 つ $\boldsymbol{a}_1=\begin{bmatrix}1\\1\end{bmatrix}$ をとる．

T_A の固有値 0 に属する固有ベクトルとして，$-A\boldsymbol{x}=\boldsymbol{0}$ の解の 1 つ $\boldsymbol{a}_2=\begin{bmatrix}-2\\1\end{bmatrix}$ をとる．

よって，定理 4.9 より

$$P = \begin{bmatrix}1 & -2\\1 & 1\end{bmatrix}$$

とおくと，A は

$$P^{-1}AP = \begin{bmatrix}3 & 0\\0 & 0\end{bmatrix}$$

と対角化される．

練習 4.18 A の固有多項式は $g_A(t)=|tE-A|=(t-2)(t+1)$ であるから，T_A の固有値は $\lambda=2, -1$.

T_A の固有値 2 に属する固有ベクトルとして，$(2E-A)\boldsymbol{x}=\boldsymbol{0}$ の解の 1 つ $\boldsymbol{a}_1=\begin{bmatrix}\sqrt{2}\\1\end{bmatrix}$ をとる．

T_A の固有値 -1 に属する固有ベクトルとして，$(-E-A)\boldsymbol{x}=\boldsymbol{0}$ の解の 1 つ $\boldsymbol{a}_2=\begin{bmatrix}-1/\sqrt{2}\\1\end{bmatrix}$ をとる．

基底 $\{\boldsymbol{a}_1, \boldsymbol{a}_2\}$ をシュミットの正規直交化を用いて正規直交化して（定理 4.11 により，$\boldsymbol{a}_1$ と $\boldsymbol{a}_2$ は直交しているから，単にノルムを 1 にすればよい）

$$\boldsymbol{b}_1 = \frac{1}{\sqrt{3}}\begin{bmatrix}\sqrt{2}\\1\end{bmatrix}, \qquad \boldsymbol{b}_2 = \frac{\sqrt{2}}{\sqrt{3}}\begin{bmatrix}-1/\sqrt{2}\\1\end{bmatrix}$$

を得る．

よって

$$P = [\,\boldsymbol{b}_1 \quad \boldsymbol{b}_2\,] = \begin{bmatrix} \sqrt{2}/\sqrt{3} & -1/\sqrt{3} \\ 1/\sqrt{3} & \sqrt{2}/\sqrt{3} \end{bmatrix}$$

とおくと，A は

$$P^{-1}AP = \begin{bmatrix} 2 & 0 \\ 0 & -1 \end{bmatrix}$$

と対角化される．

問題の略解

問題 1.1 （問題 p. 5）

1. （1） $\vec{a}+2\vec{b}$ （図 8）　　（2） $\vec{a}-2\vec{b}$ （図 9）

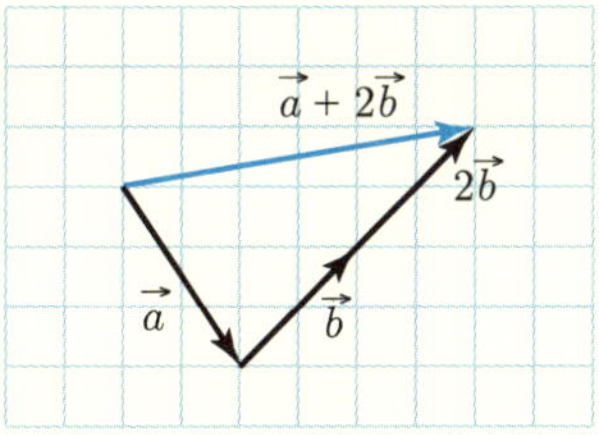

図 8

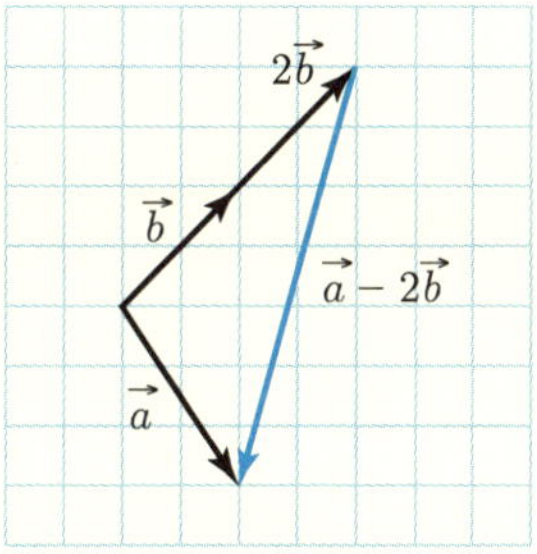

図 9

2. $\vec{a}=\overrightarrow{\mathrm{OA}}$, $\vec{b}=\overrightarrow{\mathrm{OB}}$ とする．$\overrightarrow{\mathrm{OM}}=\dfrac{2\vec{a}+\vec{b}}{3}$, $\overrightarrow{\mathrm{ON}}=\dfrac{\vec{a}+2\vec{b}}{3}$ となる．

$$\vec{a}\cdot\vec{b} = 1\times2\times\cos 120^\circ = 1\times2\times\left(-\frac{1}{2}\right) = -1$$

であるから

$$\begin{aligned}\overrightarrow{\mathrm{OM}}\cdot\overrightarrow{\mathrm{ON}} &= \left(\frac{2\vec{a}+\vec{b}}{3}\right)\left(\frac{\vec{a}+2\vec{b}}{3}\right) = \frac{1}{9}(2\vec{a}+\vec{b})(\vec{a}+2\vec{b}) \\ &= \frac{1}{9}(2|\vec{a}|^2 + 5\vec{a}\cdot\vec{b} + 2|\vec{b}|^2) = \frac{1}{9}(2-5+8) \\ &= \frac{5}{9} \qquad (図 10).\end{aligned}$$

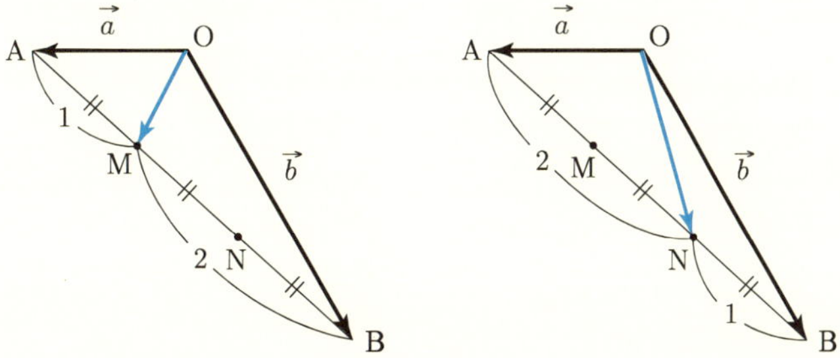

図 10

3. 点 O を原点とし，位置ベクトルをそれぞれ

$$\vec{a} = \overrightarrow{\mathrm{OA}}, \quad \vec{b} = \overrightarrow{\mathrm{OB}}, \quad \vec{c} = \overrightarrow{\mathrm{OC}}, \quad \vec{g} = \overrightarrow{\mathrm{OG}}$$

とする．そのとき，辺 BC の中点を M とすると

$$\overrightarrow{\mathrm{OM}} = \frac{\vec{b}+\vec{c}}{2}$$

と表される．重心 G は，中線 AM を 2 : 1 に内分する点であるから，問題 1.1 の 2 を用いると

$$\vec{g} = \overrightarrow{\mathrm{OG}} = \frac{\overrightarrow{\mathrm{OA}}+2\,\overrightarrow{\mathrm{OM}}}{2+1} = \frac{\vec{a}+2\dfrac{\vec{b}+\vec{c}}{2}}{3}$$
$$= \frac{\vec{a}+\vec{b}+\vec{c}}{3}$$

と表される（図 11）．

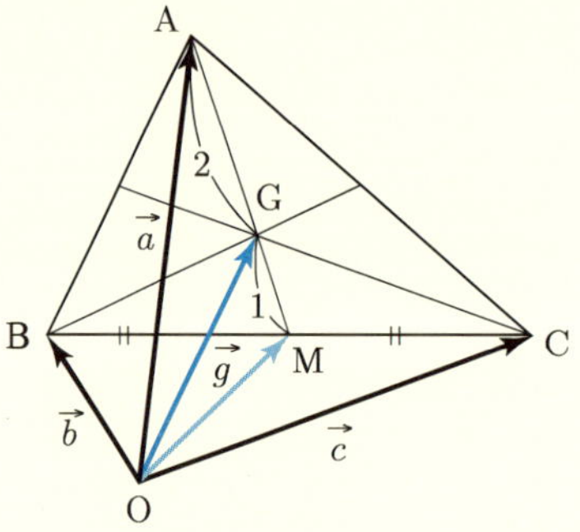

図 11

4. 点 B から AC に下ろした垂線と，点 C から AB に下ろした垂線の交点を H とする．点 H を原点とし，点 A, B, C の位置ベクトルをそれぞれ

$$\overrightarrow{\mathrm{HA}} = \vec{a}, \quad \overrightarrow{\mathrm{HB}} = \vec{b}, \quad \overrightarrow{\mathrm{HC}} = \vec{c}$$

とする．$\overrightarrow{\mathrm{AB}} = \vec{b} - \vec{a}$ であり，$\overrightarrow{\mathrm{AB}}$ と $\overrightarrow{\mathrm{HC}}$ は垂直だから

$$(\vec{b}-\vec{a})\cdot\vec{c} = |\vec{b}-\vec{a}||\vec{c}|\cos 90^\circ = 0.$$

したがって

$$\vec{b}\cdot\vec{c} = \vec{a}\cdot\vec{c} \quad \cdots\cdots ①$$

$\overrightarrow{\mathrm{AC}} = (\vec{c}-\vec{a})$ と $\overrightarrow{\mathrm{HB}} = \vec{b}$ は垂直であるから

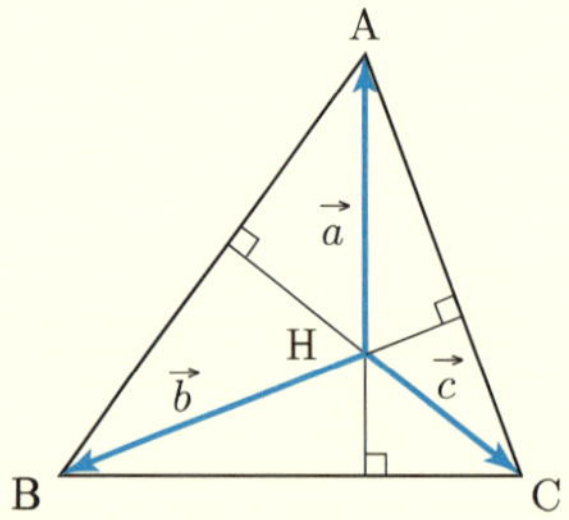

図 12

$$(\vec{c}-\vec{a})\cdot\vec{b}=0.$$

したがって

$$\vec{c}\cdot\vec{b}=\vec{a}\cdot\vec{b} \quad \cdots\cdots ②$$

である．式①, ②の左辺は $\vec{b}\cdot\vec{c}=\vec{c}\cdot\vec{b}$ となり等しいから

$$\vec{a}\cdot\vec{c}=\vec{a}\cdot\vec{b}.$$

よって，$\vec{a}\cdot(\vec{c}-\vec{b})=0$ となり，$\overrightarrow{\mathrm{HA}}=\vec{a}$ と $\overrightarrow{\mathrm{BC}}=\vec{c}-\vec{b}$ は直交する（図 12）．

問題 1.2

（問題 p. 15）

1. （1）　2×4（型）

（2）　第 1 行は $[2 \ \ -3 \ \ 4 \ \ -1]$，第 2 行は $[0 \ \ 1 \ \ -2 \ \ -5]$.

（3）　第 2 列は $\begin{bmatrix}-3\\1\end{bmatrix}$，第 4 列は $\begin{bmatrix}-1\\-5\end{bmatrix}$.

（4）　$(2,3)$ 成分は -2，$(1,4)$ 成分は -1.

2. ${}^tA$ は 3×2 行列で ${}^tA=\begin{bmatrix}2 & 3\\1 & 1\\2 & -2\end{bmatrix}$，${}^tB$ は 2×3 行列で ${}^tB=\begin{bmatrix}-1 & 3 & 2\\3 & 5 & 1\end{bmatrix}$.

3. （1）　$\begin{bmatrix}-3 & 1\\9 & 11\\7 & -2\end{bmatrix}$　　（2）　$\begin{bmatrix}1 & -3\\2 & -1\\6 & 2\end{bmatrix}$　　（3）　$\begin{bmatrix}1 & -8 & 3\\-3 & 1 & -7\end{bmatrix}$

4. （1）　$\begin{bmatrix}1\cdot 2+(-1)\cdot(-3)+3\cdot 0 & 1\cdot 1+(-1)\cdot 2+3\cdot(-1)\\1\cdot 2+2\cdot(-3)+(-1)\cdot 0 & 1\cdot 1+2\cdot 2+(-1)\cdot(-1)\end{bmatrix}=\begin{bmatrix}5 & -4\\-4 & 6\end{bmatrix}$

（2）　$\begin{bmatrix}-5 & 5\\4 & 2\\5 & 0\end{bmatrix}$

5. $AB=\begin{bmatrix}4 & 7\\9 & 2\end{bmatrix}$ より ${}^t(AB)=\begin{bmatrix}4 & 9\\7 & 2\end{bmatrix}$ である．

一方，${}^tB=\begin{bmatrix}1 & 2\\3 & 1\end{bmatrix}$，${}^tA=\begin{bmatrix}2 & -1\\1 & 5\end{bmatrix}$ であるから ${}^tB\,{}^tA=\begin{bmatrix}4 & 9\\7 & 2\end{bmatrix}$ となる．

よって，${}^t(AB)={}^tB\,{}^tA$ が確かめられる．

6. （1）　$\boldsymbol{b}=x\boldsymbol{a}_1+y\boldsymbol{a}_2$ とおく．これを，各々の成分で表すと，連立 1 次方程式

$$\begin{cases}x+y=2\\x-y=1\end{cases}$$

となる．これを解くと，$x=\dfrac{3}{2}$，$y=\dfrac{1}{2}$ がわかる．　　**（答）**　$\boldsymbol{b}=\dfrac{3}{2}\boldsymbol{a}_1+\dfrac{1}{2}\boldsymbol{a}_2$.

（2）　$\boldsymbol{b}=\dfrac{8}{5}\boldsymbol{a}_1+\dfrac{1}{5}\boldsymbol{a}_2$

問題 2.1

(問題 p. 23)

1. 係数行列は連立 1 次方程式の係数に現れる行列である．拡大係数行列はその右側に連立 1 次方程式の等号の右辺を加えたものである．

（1） 係数行列 $\begin{bmatrix} 1 & 1 \\ 3 & -1 \end{bmatrix}$, 拡大係数行列 $\left[\begin{array}{cc:c} 1 & 1 & 1 \\ 3 & -1 & 7 \end{array}\right]$.

（2） 係数行列 $\begin{bmatrix} 2 & 1 \\ 1 & -2 \end{bmatrix}$, 拡大係数行列 $\left[\begin{array}{cc:c} 2 & 1 & 4 \\ 1 & -2 & -3 \end{array}\right]$.

（3） 係数行列 $\begin{bmatrix} 2 & -1 \\ 1 & 1 \end{bmatrix}$, 拡大係数行列 $\left[\begin{array}{cc:c} 2 & -1 & 3 \\ 1 & 1 & 3 \end{array}\right]$.

（4） 係数行列 $\begin{bmatrix} 1 & 4 \\ 2 & 1 \end{bmatrix}$, 拡大係数行列 $\left[\begin{array}{cc:c} 1 & 4 & 9 \\ 2 & 1 & 4 \end{array}\right]$.

2. （1） 解き方は 1 通りではない．

（I） $\begin{cases} x + y = 1 \\ 3x - y = 7 \end{cases}$　②−①×3

⇓

（II） $\begin{cases} x + y = 1 \\ -4y = 4 \end{cases}$　②÷(−4)

⇓

（III） $\begin{cases} x + y = 1 \\ y = -1 \end{cases}$　①−②

⇓

（IV） $\begin{cases} x = 2 \\ y = -1 \end{cases}$　**(答)** $\begin{cases} x = 2 \\ y = -1 \end{cases}$

（2） $\begin{cases} x = 6 \\ y = -2 \end{cases}$　（3） $\begin{cases} x = 3 \\ y = 1 \end{cases}$

3. （1） 解き方は 1 通りではない．

2	−1	3	
1	1	3	① ↔ ②
1	1	3	
2	−1	3	②−①×2
1	1	3	
0	−3	−3	②÷(−3)
1	1	3	①−2
0	1	1	
1	0	2	
0	1	1	

(答) $\begin{bmatrix} x \\ y \end{bmatrix} = \begin{bmatrix} 2 \\ 1 \end{bmatrix}$

（2） $\begin{bmatrix} x \\ y \end{bmatrix} = \begin{bmatrix} 1 \\ 2 \end{bmatrix}$　（3） $\begin{bmatrix} x \\ y \end{bmatrix} = \begin{bmatrix} 3 \\ 2 \end{bmatrix}$

4. (1)　簡約化の方法は 1 通りではない.

1	2	3	
1	4	1	②−①
1	2	3	
0	2	−2	②÷2
1	2	3	①−②×2
0	1	−1	
1	0	5	
0	1	−1	

(答)　簡約化は $\begin{bmatrix} 1 & 0 & 5 \\ 0 & 1 & -1 \end{bmatrix}$.

(2) $\begin{bmatrix} 1 & 0 & 2 \\ 0 & 1 & 0 \end{bmatrix}$　(3)　簡約行列　(4) $\begin{bmatrix} 1 & 0 & 1 \\ 0 & 1 & -1 \\ 0 & 0 & 0 \end{bmatrix}$　(5)　簡約行列

(6) $\begin{bmatrix} 1 & 0 & 3 \\ 0 & 1 & -1 \\ 0 & 0 & 0 \end{bmatrix}$　(7) $\begin{bmatrix} 1 & 0 & 0 & -1 \\ 0 & 1 & 0 & 2 \\ 0 & 0 & 1 & 0 \end{bmatrix}$　(8) $\begin{bmatrix} 1 & 0 & 1 & 0 \\ 0 & 1 & 2 & 0 \\ 0 & 0 & 0 & 1 \end{bmatrix}$　(9) $\begin{bmatrix} 0 & 1 & 2 & 0 \\ 0 & 0 & 0 & 1 \\ 0 & 0 & 0 & 0 \end{bmatrix}$

問題 2.2

(問題 p. 32)

1. 行列 A を簡約化する.

(1) $A = \begin{bmatrix} 1 & 2 & -2 & 1 \\ 1 & 2 & 1 & 1 \\ 2 & 4 & -1 & 2 \end{bmatrix} \Rightarrow B = \begin{bmatrix} 1 & 2 & 0 & 1 \\ 0 & 0 & 1 & 0 \\ 0 & 0 & 0 & 0 \end{bmatrix}$.

B の零ベクトルでない行の個数は 2 である. よって　(答)　rank $A=2$.

(2) $A = \begin{bmatrix} 1 & 0 & 0 & 1 \\ 1 & 1 & 0 & 1 \\ -1 & 0 & -1 & 1 \end{bmatrix} \Rightarrow B = \begin{bmatrix} 1 & 0 & 0 & 1 \\ 0 & 1 & 0 & 0 \\ 0 & 0 & 1 & -2 \end{bmatrix}$.

B の零ベクトルでない行の個数は 3 である. よって　(答)　rank $A=3$.

(3) $A = \begin{bmatrix} 1 & 1 & 0 & 1 \\ 1 & 2 & 1 & 0 \\ 2 & 3 & 1 & 1 \end{bmatrix} \Rightarrow B = \begin{bmatrix} 1 & 0 & -1 & 2 \\ 0 & 1 & 1 & -1 \\ 0 & 0 & 0 & 0 \end{bmatrix}$.

B の零ベクトルでない行の個数は 2 である. よって　(答)　rank $A=2$.

2. (1)　係数行列を簡約化する. $A=\begin{bmatrix} 1 & 0 & 1 \\ 1 & 1 & 0 \\ 2 & 1 & 1 \end{bmatrix} \Rightarrow B=\begin{bmatrix} 1 & 0 & 1 \\ 0 & 1 & -1 \\ 0 & 0 & 0 \end{bmatrix}$. $B\boldsymbol{x}=\boldsymbol{0}$ を解けばよい.

(答)　$\boldsymbol{x} = a\begin{bmatrix} -1 \\ 1 \\ 1 \end{bmatrix}$　$(a \in \boldsymbol{R})$. 解の自由度 $= 1$.

(x_3 を自由にとると, x_1, x_2 が定まる.)

（2） 係数行列を簡約化する．$A=\begin{bmatrix}1&0&2\\0&1&1\\1&0&3\end{bmatrix}\Rightarrow E$．$E\boldsymbol{x}=\boldsymbol{0}$ を解いて，$\boldsymbol{x}=\boldsymbol{0}$ を得る．

（答） $\boldsymbol{x}=\boldsymbol{0}$（自明な解）のみである．解の自由度$=0$．

（3） 係数行列を簡約化する．$A=\begin{bmatrix}1&2&-2&1\\2&4&-3&3\end{bmatrix}\Rightarrow B=\begin{bmatrix}1&2&0&3\\0&0&1&1\end{bmatrix}$．$B\boldsymbol{x}=\boldsymbol{0}$ を解けばよい．

（答） $\boldsymbol{x}=a\begin{bmatrix}-2\\1\\0\\0\end{bmatrix}+b\begin{bmatrix}-3\\0\\-1\\1\end{bmatrix}$ $(a, b\in\boldsymbol{R})$．解の自由度 $=2$．

（x_2 と x_4 を自由にとると，x_1, x_3 が定まる．）

（4） 係数行列を簡約化する．$A=\begin{bmatrix}1&3&-3&1\\2&6&-6&3\end{bmatrix}\Rightarrow B=\begin{bmatrix}1&3&-3&0\\0&0&0&1\end{bmatrix}$．$B\boldsymbol{x}=\boldsymbol{0}$ を解けばよい．

（答） $\boldsymbol{x}=a\begin{bmatrix}-3\\1\\0\\0\end{bmatrix}+b\begin{bmatrix}3\\0\\1\\0\end{bmatrix}$ $(a, b\in\boldsymbol{R})$．解の自由度 $=2$．

（x_2 と x_3 を自由にとると，x_1, x_4 が定まる．特に，$x_4=0$ である．）

3.（1） 拡大係数行列を簡約化する．簡約化の方法は 1 通りではない．

1	2	1	1	
2	4	1	4	②−①×2
1	2	1	1	①+②
0	0	−1	2	
1	2	0	3	
0	0	−1	2	②×(−1)
1	2	0	3	
0	0	1	−2	

となる．この最後の行列に対応する連立 1 次方程式は

$$\begin{cases}x_1+2x_2 \quad = 3\\ \qquad\quad x_3 = -2\end{cases}$$

であるから，主成分 1 に対応しない変数 $x_2=a$ とおくと

$$x_1=3-2a,\quad x_2=a,\quad x_3=-2$$

となる．よって

（答） $\begin{bmatrix}x_1\\x_2\\x_3\end{bmatrix}=\begin{bmatrix}3-2a\\a\\-2\end{bmatrix}=\begin{bmatrix}3\\0\\-2\end{bmatrix}+a\begin{bmatrix}-2\\1\\0\end{bmatrix}$ $(a\in\boldsymbol{R})$．解の自由度 $=1$．

（2） 拡大係数行列を簡約化する．$\left[\begin{array}{ccc:c}1&0&2&1\\0&1&1&3\\1&0&3&1\end{array}\right]\Rightarrow\left[\begin{array}{ccc:c}1&0&0&1\\0&1&0&3\\0&0&1&0\end{array}\right]$．

(答)　$\boldsymbol{x} = \begin{bmatrix} 1 \\ 3 \\ 0 \end{bmatrix}$. 解の自由度 = 0.

（3）　拡大係数行列を簡約化する. $\left[\begin{array}{ccc:c} 1 & 1 & 0 & 2 \\ 1 & 1 & 1 & 3 \\ 2 & 2 & 1 & 7 \end{array}\right] \Rightarrow \left[\begin{array}{ccc:c} 1 & 1 & 0 & 0 \\ 0 & 0 & 1 & 0 \\ 0 & 0 & 0 & 1 \end{array}\right]$.

(答)　解なし.

（4）　拡大係数行列を簡約化する. $\left[\begin{array}{ccc:c} 1 & -1 & 1 & -2 \\ 1 & 0 & 1 & -1 \\ 3 & -1 & 3 & -4 \end{array}\right] \Rightarrow \left[\begin{array}{ccc:c} 1 & 0 & 1 & -1 \\ 0 & 1 & 0 & 1 \\ 0 & 0 & 0 & 0 \end{array}\right]$.

(答)　$\boldsymbol{x} = \begin{bmatrix} -1 \\ 1 \\ 0 \end{bmatrix} + a \begin{bmatrix} -1 \\ 0 \\ 1 \end{bmatrix}$　$(a \in \boldsymbol{R})$. 解の自由度 = 1.

（5）　拡大係数行列を簡約化する. $\left[\begin{array}{cccc:c} 1 & 2 & -3 & 1 & 1 \\ 2 & 4 & -6 & 3 & 4 \end{array}\right] \Rightarrow \left[\begin{array}{cccc:c} 1 & 2 & -3 & 0 & -1 \\ 0 & 0 & 0 & 1 & 2 \end{array}\right]$.

(答)　$\boldsymbol{x} = \begin{bmatrix} -1 \\ 0 \\ 0 \\ 2 \end{bmatrix} + a \begin{bmatrix} -2 \\ 1 \\ 0 \\ 0 \end{bmatrix} + b \begin{bmatrix} 3 \\ 0 \\ 1 \\ 0 \end{bmatrix}$　$(a, b \in \boldsymbol{R})$. 解の自由度 = 2.

問題 2.3

(問題 p. 36)

1. いずれの問題も行列を簡約化して, 簡約化が E になることを示せば, 定理 2.5 によって正則行列である.

(1), (3) についてのみ簡約化が E になることを示すが, 簡約化の方法は 1 通りではない. (2), (4) については省略する.

（1）

1	0	2	
1	1	2	②−①
1	1	3	③−①
1	0	2	
0	1	0	
0	1	1	③−②
1	0	2	①−③×2
0	1	0	
0	0	1	
1	0	0	
0	1	0	
0	0	1	

（3）

2	−1	0	
0	0	1	①↔③
1	0	1	
1	0	1	
0	0	1	
2	−1	0	③−①×2
1	0	1	①−②
0	0	1	
0	−1	−2	③+②×2
1	0	0	
0	0	1	②↔③
0	−1	0	
1	0	0	
0	−1	0	②×(−1)
0	0	1	
1	0	0	
0	1	0	
0	0	1	

2. (1)　連立1次方程式を具体的に書くと

$$\begin{cases} 3x_1+x_2 = 0 \\ x_3 = 0 \\ x_1 + x_3 = 0 \end{cases}$$

となる．第2式より，$x_3=0$．これを，第3式に代入すると $x_1=0$．よって，第1式は $x_2=0$ となり，$x_1=x_2=x_3=0$ となる．すなわち，$A\boldsymbol{x}=\boldsymbol{0}$ は自明な解しかもたないので，A は正則行列である．

(2)　(1)と同様である．答は省略する．

3. (1), (4) については簡約化も含めて示す．簡約化の方法は1通りではない．その他の問題については，結果のみ述べる．いずれも $[A \,\vdots\, E]$ の簡約化を計算する．

(1)

1	2	1	0	
1	3	0	1	②−①
1	2	1	0	①−②×2
0	1	−1	1	
1	0	3	−2	
0	1	−1	1	

(答)　$A^{-1}=\begin{bmatrix} 3 & -2 \\ -1 & 1 \end{bmatrix}$

(2)　$A^{-1}=\begin{bmatrix} 5 & -2 \\ -7 & 3 \end{bmatrix}$　　(3)　$A^{-1}=\begin{bmatrix} -1 & 1 \\ 7 & -6 \end{bmatrix}$

(4)

1	2	−1	1	0	0	
1	1	0	0	1	0	②−①
1	0	0	0	0	1	③−①
1	2	−1	1	0	0	①+②×2
0	−1	1	−1	1	0	
0	−2	1	−1	0	1	③−②×2
1	0	1	−1	2	0	①+③
0	−1	1	−1	1	0	②+③
0	0	−1	1	−2	1	
1	0	0	0	0	1	
0	−1	0	0	−1	1	②×(−1)
0	0	−1	1	−2	1	③×(−1)
1	0	0	0	0	1	
0	1	0	0	1	−1	
0	0	1	−1	2	−1	

(答)　$A^{-1}=\begin{bmatrix} 0 & 0 & 1 \\ 0 & 1 & -1 \\ -1 & 2 & -1 \end{bmatrix}$

(5)　$A^{-1}=\begin{bmatrix} 1 & 0 & 0 \\ 0 & 1 & -1 \\ -1 & -1 & 2 \end{bmatrix}$　　(6)　$A^{-1}=\begin{bmatrix} 1 & -1 & -4 \\ 0 & 1 & 1 \\ 0 & 0 & -1 \end{bmatrix}$　　(7)　$A^{-1}=\begin{bmatrix} 1 & 0 & -1 \\ -1 & 1 & 2 \\ -1 & 0 & 2 \end{bmatrix}$

(8)　$A^{-1}=\begin{bmatrix} 0 & 1 & 0 \\ 1 & -1 & 0 \\ -2 & -1 & 1 \end{bmatrix}$　　(9)　$A^{-1}=\begin{bmatrix} -1 & 0 & -2 & 1 \\ -1 & 1 & -1 & 1 \\ -1 & 0 & -1 & 1 \\ 2 & 0 & 2 & -1 \end{bmatrix}$

問題 3.1

（問題 p. 44）

1. (1), (3) は計算も書いてみる．(2), (4) は行列式の値のみ書く．

（1）　$|A| = 2\cdot 5 - 3(-1) = 13$

（2）　$|A| = -29$

（3）　$|A| = 1\cdot 3\cdot 5 + 0\cdot(-1)\cdot 0 + 2\cdot 2\cdot 2 - 1\cdot(-1)\cdot 2 - 0\cdot 2\cdot 5 - 2\cdot 3\cdot 0 = 25$

（4）　$|A| = 1$

2. (1), (7) は計算も書いてみる．計算の方法は 1 通りではない．

（1）　$|A| = \begin{vmatrix} 1 & 2 & 3 \\ 6 & 6 & -3 \\ 2 & 4 & 4 \end{vmatrix} = 3\cdot 2\begin{vmatrix} 1 & 2 & 3 \\ 2 & 2 & -1 \\ 1 & 2 & 2 \end{vmatrix} = 3\cdot 2\cdot 2\begin{vmatrix} 1 & 1 & 3 \\ 2 & 1 & -1 \\ 1 & 1 & 2 \end{vmatrix} = 3\cdot 2\cdot 2\begin{vmatrix} 1 & 1 & 3 \\ 0 & -1 & -7 \\ 0 & 0 & -1 \end{vmatrix}$

↑ ②を 3 でくくる ③を 2 でくくる　↑ 2 を 2 でくくる　↑ ②−①×2 ③−①

$= 3\cdot 2\cdot 2\cdot(-1)\cdot(-1) = 12$

（2）　$|A| = 65$　（3）　$|A| = 6$　（4）　$|A| = 15$　（5）　$|A| = -36$

（6）　$|A| = 0$　（7）　$|A| = \begin{vmatrix} 1 & 2 & 1 & 0 \\ 3 & 1 & 0 & 2 \\ 0 & 0 & 2 & 3 \\ 0 & 0 & 2 & 1 \end{vmatrix} = \begin{vmatrix} 1 & 2 \\ 3 & 1 \end{vmatrix}\begin{vmatrix} 2 & 3 \\ 2 & 1 \end{vmatrix} = (1-6)(2-6) = 20$

↑ 性質 2　↑ サラスの方法

（8）　$|A| = -21$　（9）　$|A| = -92$　（10）　$|A| = -14$

問題 3.2

（問題 p. 54）

1.（1）　$\begin{vmatrix} 2 & 5 & 3 \\ 3 & 1 & -2 \\ 2 & 2 & 1 \end{vmatrix} = (-1)^{1+1}2\begin{vmatrix} 1 & -2 \\ 2 & 1 \end{vmatrix} + (-1)^{1+2}5\begin{vmatrix} 3 & -2 \\ 2 & 1 \end{vmatrix} + (-1)^{1+3}3\begin{vmatrix} 3 & 1 \\ 2 & 2 \end{vmatrix}$

$= 2\cdot 5 - 5\cdot 7 + 3\cdot 4 = -13$

（2）　$\begin{vmatrix} 3 & 2 & -1 \\ 1 & 0 & 1 \\ 2 & 5 & 3 \end{vmatrix} = (-1)^{1+2}2\begin{vmatrix} 1 & 1 \\ 2 & 3 \end{vmatrix} + (-1)^{2+2}0\begin{vmatrix} 3 & -1 \\ 2 & 3 \end{vmatrix} + (-1)^{3+2}5\begin{vmatrix} 3 & -1 \\ 1 & 1 \end{vmatrix}$

$= -2\cdot 1 + 0 - 5\cdot 4 = -22$

2.（1）　$A = \begin{bmatrix} 2 & 1 \\ 3 & 1 \end{bmatrix}$ とすると

$$\tilde{a}_{11} = (-1)^{1+1}|A_{11}| = 1, \qquad \tilde{a}_{12} = (-1)^{1+2}|A_{21}| = -1,$$
$$\tilde{a}_{21} = (-1)^{2+1}|A_{12}| = -3, \qquad \tilde{a}_{22} = (-1)^{2+2}|A_{22}| = 2.$$

よって，余因子行列は

$$\tilde{A} = \begin{bmatrix} 1 & -1 \\ -3 & 2 \end{bmatrix}.$$

逆行列を余因子行列を用いた方法（定理 3.3）で求める．$|A| = -1$ であるから

$$A^{-1} = \frac{1}{-1}\begin{bmatrix} 1 & -1 \\ -3 & 2 \end{bmatrix} = \begin{bmatrix} -1 & 1 \\ 3 & -2 \end{bmatrix}.$$

（2）　$\tilde{A}=\begin{bmatrix}-3 & -5\\ -1 & 2\end{bmatrix}$.　$|A|=-11$ であるから，$A^{-1}=\dfrac{1}{11}\begin{bmatrix}3 & 5\\ 1 & -2\end{bmatrix}$.

（3）　$\tilde{A}=\begin{bmatrix}1 & 2 & -2\\ 3 & 6 & 1\\ 3 & -1 & 1\end{bmatrix}$.　$|A|=7$ であるから，$A^{-1}=\dfrac{1}{7}\begin{bmatrix}1 & 2 & -2\\ 3 & 6 & 1\\ 3 & -1 & 1\end{bmatrix}$.

（4）　$\tilde{A}=\begin{bmatrix}6 & 5 & -2\\ -1 & 2 & 6\\ 3 & -6 & -1\end{bmatrix}$.　$|A|=17$ であるから，$A^{-1}=\dfrac{1}{17}\begin{bmatrix}6 & 5 & -2\\ -1 & 2 & 6\\ 3 & -6 & -1\end{bmatrix}$.

3.（1）　$x_1=\dfrac{\begin{vmatrix}1 & 2\\ 2 & -1\end{vmatrix}}{\begin{vmatrix}1 & 2\\ 3 & -1\end{vmatrix}}=\dfrac{-5}{-7}=\dfrac{5}{7}$,　$x_2=\dfrac{\begin{vmatrix}1 & 1\\ 3 & 2\end{vmatrix}}{\begin{vmatrix}1 & 2\\ 3 & -1\end{vmatrix}}=\dfrac{-1}{-7}=\dfrac{1}{7}$.

(答)　$\begin{bmatrix}x_1\\ x_2\end{bmatrix}=\begin{bmatrix}5/7\\ 1/7\end{bmatrix}=\dfrac{1}{7}\begin{bmatrix}5\\ 1\end{bmatrix}$.

（2）　$x_1=\dfrac{\begin{vmatrix}2 & -1\\ 1 & 5\end{vmatrix}}{\begin{vmatrix}2 & -1\\ 3 & 5\end{vmatrix}}=\dfrac{11}{13}$,　$x_2=\dfrac{\begin{vmatrix}2 & 2\\ 3 & 1\end{vmatrix}}{\begin{vmatrix}2 & -1\\ 3 & 5\end{vmatrix}}=\dfrac{-4}{13}=-\dfrac{4}{13}$.

(答)　$\begin{bmatrix}x_1\\ x_2\end{bmatrix}=\begin{bmatrix}11/13\\ -4/13\end{bmatrix}=\dfrac{1}{13}\begin{bmatrix}11\\ -4\end{bmatrix}$.

4.（1）　第 1 行と第 $n+1$ 行を入れ替え，第 2 行と第 $n+2$ 行を入れ替え，…，第 n 行と第 $2n$ 行を入れ替える．1 回の入れ替えで -1 倍となるから

$$\begin{vmatrix}A & B\\ C & O\end{vmatrix}=(-1)^n\begin{vmatrix}C & O\\ A & B\end{vmatrix}=(-1)^n|B||C|.$$

（2）
$$\begin{vmatrix}1 & 1 & 1\\ x_1 & x_2 & x_3\\ x_1^2 & x_2^2 & x_3^2\end{vmatrix}\underset{③-②\times x_1}{=}\begin{vmatrix}1 & 1 & 1\\ x_1 & x_2 & x_3\\ 0 & x_2^2-x_1x_2 & x_3^2-x_1x_3\end{vmatrix}\underset{②-①\times x_1}{=}\begin{vmatrix}1 & 1 & 1\\ 0 & x_2-x_1 & x_3-x_1\\ 0 & x_2^2-x_1x_2 & x_3^2-x_1x_3\end{vmatrix}$$

$$\underset{\boxed{1}\text{に関する展開}}{=}\begin{vmatrix}x_2-x_1 & x_3-x_1\\ x_2^2-x_1x_2 & x_3^2-x_1x_3\end{vmatrix}\underset{\boxed{1}\text{を }x_2-x_1\text{ でくくり，}\boxed{2}\text{を }x_3-x_1\text{ でくくる}}{=}(x_2-x_1)(x_3-x_1)\begin{vmatrix}1 & 1\\ x_2 & x_3\end{vmatrix}$$

$$=(x_2-x_1)(x_3-x_1)(x_3-x_2).$$

（3）　$\begin{vmatrix}a & b\\ b & a\end{vmatrix}\begin{vmatrix}c & d\\ d & c\end{vmatrix}$ の 2 つの行列式をそれぞれ計算すると $(a^2-b^2)(c^2-d^2)$.

一方，この行列の積は $\begin{bmatrix}ac+bd & ad+bc\\ bc+ad & bd+ac\end{bmatrix}$ で，行列式は

$$\begin{vmatrix}ac+bd & ad+bc\\ bc+ad & bd+ac\end{vmatrix}=(ac+bd)^2-(ad+bc)^2.$$

よって，求める等号が成り立つ．

5. Appendix より，平行四辺形の面積は，行列式 $\begin{vmatrix}1 & -3\\ 2 & 5\end{vmatrix}$ $(=11)$ の絶対値である．したがって，平行四辺形の面積は 11 になる．

問題 4.1

(問題 p. 60)

1. $\boldsymbol{a}_1, \boldsymbol{a}_2, \boldsymbol{a}_3$ が 1 次独立 ⇔ $c_1\boldsymbol{a}_1+c_2\boldsymbol{a}_2+c_3\boldsymbol{a}_3=\boldsymbol{0}$ となるのは，$c_1=c_2=c_3=0$ に限る．

（1） $\boldsymbol{R}^3$ の 3 個のベクトルであるから，定理 4.2 により $A=\begin{bmatrix} 1 & 2 & 0 \\ 0 & 2 & 1 \\ -1 & 1 & 3 \end{bmatrix}$ が正則行列であることを示せばよい．$|A|=3\neq 0$ であるから，定理 3.3 (1) を用いると，A は正則行列である．

したがって，$\boldsymbol{a}_1, \boldsymbol{a}_2, \boldsymbol{a}_3$ は 1 次独立である．

（2） $\boldsymbol{R}^3$ の 3 個のベクトルであるから，定理 4.2 により $A=\begin{bmatrix} 0 & 1 & 2 \\ 1 & 0 & 0 \\ 1 & 2 & 2 \end{bmatrix}$ が正則行列であることを示せばよい．$|A|=2\neq 0$ であるから，定理 3.3 (1) を用いると，A は正則行列である．

したがって，$\boldsymbol{a}_1, \boldsymbol{a}_2, \boldsymbol{a}_3$ は 1 次独立である．

2. $\boldsymbol{a}_1, \boldsymbol{a}_2, \boldsymbol{a}_3$ が 1 次従属 ⇔ $c_1\boldsymbol{a}_1+c_2\boldsymbol{a}_2+c_3\boldsymbol{a}_3=\boldsymbol{0}$ をみたす，自明 $(c_1=c_2=c_3=0)$ でない係数 c_1, c_2, c_3 が存在する．

（1） $\boldsymbol{R}^3$ の 3 個のベクトルであるから，定理 4.2 により $A=\begin{bmatrix} 2 & 1 & 3 \\ 0 & 2 & -2 \\ 1 & -1 & 3 \end{bmatrix}$ が正則行列ではないことを示せばよい．$|A|=0$ であるから，定理 3.3 (1) を用いると，A は正則行列ではない．

したがって，$\boldsymbol{a}_1, \boldsymbol{a}_2, \boldsymbol{a}_3$ は 1 次従属である．

（2） $\boldsymbol{R}^3$ の 3 個のベクトルであるから，定理 4.2 により $A=\begin{bmatrix} 1 & 0 & 1 \\ 2 & 1 & 0 \\ 1 & 0 & 1 \end{bmatrix}$ が正則行列ではないことを示せばよい．$|A|=0$ であるから，定理 3.3 (1) を用いると，A は正則行列ではない．

したがって，$\boldsymbol{a}_1, \boldsymbol{a}_2, \boldsymbol{a}_3$ は 1 次従属である．

3. （1） 定義に従って $c_1\boldsymbol{a}_1+c_2\boldsymbol{a}_2=\boldsymbol{b}$ を解く．すなわち，$\begin{bmatrix} 1 & 2 \\ 2 & 1 \end{bmatrix}\begin{bmatrix} c_1 \\ c_2 \end{bmatrix}=\begin{bmatrix} 4 \\ 5 \end{bmatrix}$ を解く．

拡大係数行列を簡約化すると

$$\left[\begin{array}{cc:c} 1 & 2 & 4 \\ 2 & 1 & 5 \end{array}\right] \Rightarrow \left[\begin{array}{cc:c} 1 & 0 & 2 \\ 0 & 1 & 1 \end{array}\right]$$

であるから，$c_1=2$，$c_2=1$ を得る．　**(答)**　$\boldsymbol{b}=2\boldsymbol{a}_1+\boldsymbol{a}_2$.

（2） 定義に従って $c_1\boldsymbol{a}_1+c_2\boldsymbol{a}_2=\boldsymbol{b}$ を解く．すなわち，$\begin{bmatrix} 1 & 3 \\ 1 & 2 \end{bmatrix}\begin{bmatrix} c_1 \\ c_2 \end{bmatrix}=\begin{bmatrix} 8 \\ 5 \end{bmatrix}$ を解く．

拡大係数行列を簡約化すると

$$\left[\begin{array}{cc:c} 1 & 3 & 8 \\ 1 & 2 & 5 \end{array}\right] \Rightarrow \left[\begin{array}{cc:c} 1 & 0 & -1 \\ 0 & 1 & 3 \end{array}\right]$$

であるから，$c_1=-1$，$c_2=3$ を得る．　**(答)**　$\boldsymbol{b}=-\boldsymbol{a}_1+3\boldsymbol{a}_2$.

4. (1)　斉次連立 1 次方程式 $\begin{bmatrix}1 & 2 & 1\\ 1 & 1 & -1\end{bmatrix}\begin{bmatrix}x_1\\ x_2\\ x_3\end{bmatrix}=\begin{bmatrix}0\\ 0\end{bmatrix}$ を解けばよい.

係数行列を簡約化すると

$$\begin{bmatrix}1 & 2 & 1\\ 1 & 1 & -1\end{bmatrix} \Rightarrow \begin{bmatrix}1 & 0 & -3\\ 0 & 1 & 2\end{bmatrix}$$

であるから, 解は $\boldsymbol{x}=a\begin{bmatrix}3\\ -2\\ 1\end{bmatrix}$ $(a\in\boldsymbol{R})$. よって

(答)　W は 1 次元ベクトル空間で, 基底として $\left\{\begin{bmatrix}3\\ -2\\ 1\end{bmatrix}\right\}$ がとれる.

(2)　斉次連立 1 次方程式 $\begin{bmatrix}1 & 1 & 1 & -2\\ 1 & 1 & -1 & 4\end{bmatrix}\begin{bmatrix}x_1\\ x_2\\ x_3\\ x_4\end{bmatrix}=\begin{bmatrix}0\\ 0\end{bmatrix}$ を解けばよい.

係数行列を簡約化すると

$$\begin{bmatrix}1 & 1 & 1 & -2\\ 1 & 1 & -1 & 4\end{bmatrix} \Rightarrow \begin{bmatrix}1 & 1 & 0 & 1\\ 0 & 0 & 1 & -3\end{bmatrix}$$

であるから, 解は $\boldsymbol{x}=a\begin{bmatrix}-1\\ 1\\ 0\\ 0\end{bmatrix}+b\begin{bmatrix}-1\\ 0\\ 3\\ 1\end{bmatrix}$ $(a, b\in\boldsymbol{R})$. よって

(答)　W は 2 次元ベクトル空間で, 基底として $\left\{\begin{bmatrix}-1\\ 1\\ 0\\ 0\end{bmatrix}, \begin{bmatrix}-1\\ 0\\ 3\\ 1\end{bmatrix}\right\}$ がとれる.

問題 4.2

(問題 p. 68)

1. (1)　$C=\begin{bmatrix}\cos\alpha & -\sin\alpha\\ \sin\alpha & \cos\alpha\end{bmatrix}\begin{bmatrix}\cos\beta & -\sin\beta\\ \sin\beta & \cos\beta\end{bmatrix}=\begin{bmatrix}\cos(\alpha+\beta) & -\sin(\alpha+\beta)\\ \sin(\alpha+\beta) & \cos(\alpha+\beta)\end{bmatrix}$.

T_C は角度が $\alpha+\beta$ の回転である.

(2)　$C=\begin{bmatrix}1 & 0\\ 0 & -1\end{bmatrix}\begin{bmatrix}\cos\theta & -\sin\theta\\ \sin\theta & \cos\theta\end{bmatrix}=\begin{bmatrix}\cos\theta & -\sin\theta\\ -\sin\theta & -\cos\theta\end{bmatrix}$.

(3)　$C=\begin{bmatrix}0 & 1\\ 1 & 0\end{bmatrix}\begin{bmatrix}1 & 0\\ 0 & -1\end{bmatrix}=\begin{bmatrix}0 & -1\\ 1 & 0\end{bmatrix}$.　T_C は角度が 90° の回転である.

2. (1)　$A=\begin{bmatrix}2 & 1\\ 4 & -1\end{bmatrix}$ の固有多項式は

$$g_A(t)=\begin{vmatrix}t-2 & -1\\ -4 & t+1\end{vmatrix}=(t-2)(t+1)-4=(t-3)(t+2).$$

定理 4.3 により, T_A の固有値は $\lambda=3, -2$.

T_A の固有値 $\lambda=3$ に属する固有ベクトルを求めるには，$(3E-A)\boldsymbol{x}=\boldsymbol{0}$ を解く．

$$3E-A=\begin{bmatrix}3-2 & -1\\ -4 & 3+1\end{bmatrix}=\begin{bmatrix}1 & -1\\ -4 & 4\end{bmatrix}$$

であるから，この行列を簡約化すると

$$\begin{bmatrix}1 & -1\\ -4 & 4\end{bmatrix} \Rightarrow \begin{bmatrix}1 & -1\\ 0 & 0\end{bmatrix}$$

となる．$x_1-x_2=0$ を解いて，解は

$$\boldsymbol{x}=a\begin{bmatrix}1\\ 1\end{bmatrix} \quad (a\in\boldsymbol{R},\ a\neq 0)$$

である．よって，T_A の固有値 3 に属する固有ベクトルは $a\begin{bmatrix}1\\ 1\end{bmatrix}$ $(a\in\boldsymbol{R},\ a\neq 0)$．

T_A の固有値 $\lambda=-2$ に属する固有ベクトルを求めるには，$(-2E-A)\boldsymbol{x}=\boldsymbol{0}$ を解く．

$$-2E-A=\begin{bmatrix}-2-2 & -1\\ -4 & -2+1\end{bmatrix}=\begin{bmatrix}-4 & -1\\ -4 & -1\end{bmatrix}$$

であるから，この行列を簡約化すると

$$\begin{bmatrix}-4 & -1\\ -4 & -1\end{bmatrix} \Rightarrow \begin{bmatrix}4 & 1\\ 0 & 0\end{bmatrix}$$

となる．$4x_1+x_2=0$ を解いて，解は

$$\boldsymbol{x}=b\begin{bmatrix}-1\\ 4\end{bmatrix} \quad (b\in\boldsymbol{R},\ b\neq 0)$$

である．よって，T_A の固有値 -2 に属する固有ベクトルは $b\begin{bmatrix}-1\\ 4\end{bmatrix}$ $(b\in\boldsymbol{R},\ b\neq 0)$．

（2） $A=\begin{bmatrix}3 & 3\\ 5 & 1\end{bmatrix}$ の固有多項式は $g_A(t)=|tE-A|=(t-6)(t+2)$．

定理 4.3 により，T_A の固有値は $\lambda=6, -2$．

T_A の固有値 6 に属する固有ベクトルは，$(6E-A)\boldsymbol{x}=\boldsymbol{0}$ を解いて

$$\boldsymbol{x}=a\begin{bmatrix}1\\ 1\end{bmatrix} \quad (a\in\boldsymbol{R},\ a\neq 0).$$

T_A の固有値 -2 に属する固有ベクトルは，$(-2E-A)\boldsymbol{x}=\boldsymbol{0}$ を解いて

$$\boldsymbol{x}=b\begin{bmatrix}-3/5\\ 1\end{bmatrix}=\frac{b}{5}\begin{bmatrix}-3\\ 5\end{bmatrix} \quad (b\in\boldsymbol{R},\ b\neq 0).$$

（3） $A=\begin{bmatrix}-1 & 3\\ 1 & 1\end{bmatrix}$ の固有多項式は $g_A(t)=|tE-A|=(t-2)(t+2)$．

定理 4.3 により，T_A の固有値は $\lambda=2, -2$．

T_A の固有値 2 に属する固有ベクトルは，$(2E-A)\boldsymbol{x}=\boldsymbol{0}$ を解いて

$$\boldsymbol{x}=a\begin{bmatrix}1\\ 1\end{bmatrix} \quad (a\in\boldsymbol{R},\ a\neq 0).$$

T_A の固有値 -2 に属する固有ベクトルは，$(-2E-A)\boldsymbol{x}=\boldsymbol{0}$ を解いて

$$\boldsymbol{x}=b\begin{bmatrix}-3\\ 1\end{bmatrix} \quad (b\in\boldsymbol{R},\ b\neq 0).$$

（4）　$A=\begin{bmatrix} 0 & 0 & 1 \\ 0 & 1 & 0 \\ 1 & 0 & 0 \end{bmatrix}$ の固有多項式は $g_A(t)=|tE-A|=(t-1)^2(t+1)$.

定理 4.3 により，T_A の固有値は $\lambda=1$ (重根)，-1.

T_A の固有値 1 に属する固有ベクトルは，$(E-A)\boldsymbol{x}=\boldsymbol{0}$ を解いて

$$\boldsymbol{x} = a\begin{bmatrix} 1 \\ 0 \\ 1 \end{bmatrix}+b\begin{bmatrix} 0 \\ 1 \\ 0 \end{bmatrix} \qquad (a, b \in \boldsymbol{R},\ (a, b) \neq (0, 0)).$$

T_A の固有値 -1 に属する固有ベクトルは，$(-E-A)\boldsymbol{x}=\boldsymbol{0}$ を解いて

$$\boldsymbol{x} = c\begin{bmatrix} -1 \\ 0 \\ 1 \end{bmatrix} \qquad (c \in \boldsymbol{R},\ c \neq 0).$$

（5）　$A=\begin{bmatrix} 5 & 2 & -4 \\ -3 & 0 & 4 \\ 6 & 6 & -1 \end{bmatrix}$ の固有多項式は $g_A(t)=|tE-A|=(t+1)(t-2)(t-3)$.

定理 4.3 により，T_A の固有値は $\lambda=-1, 2, 3$.

T_A の固有値 -1 に属する固有ベクトルは，$(-E-A)\boldsymbol{x}=\boldsymbol{0}$ を解いて

$$\boldsymbol{x} = a\begin{bmatrix} 1 \\ -1 \\ 1 \end{bmatrix} \qquad (a \in \boldsymbol{R},\ a \neq 0).$$

T_A の固有値 2 に属する固有ベクトルは，$(2E-A)\boldsymbol{x}=\boldsymbol{0}$ を解いて

$$\boldsymbol{x} = b\begin{bmatrix} 3 \\ 5/2 \\ 1 \end{bmatrix} = \frac{b}{2}\begin{bmatrix} 6 \\ 5 \\ 1 \end{bmatrix} \qquad (b \in \boldsymbol{R},\ b \neq 0).$$

T_A の固有値 3 に属する固有ベクトルは，$(3E-A)\boldsymbol{x}=\boldsymbol{0}$ を解いて

$$\boldsymbol{x} = c\begin{bmatrix} -1 \\ 1 \\ 0 \end{bmatrix} \qquad (c \in \boldsymbol{R},\ c \neq 0).$$

3.　$A=\begin{bmatrix} 2 & 1 \\ 3 & 0 \end{bmatrix}$ に対して，A の固有多項式を計算すると

$$g_A(t) = |tE-A| = t^2-2t-3 = (t-3)(t+1)$$

である．ケイリー・ハミルトンの定理(定理 4.4)より，$g_A(A)=A^2-2A-3E=O$ である．

（1）　A^5 を計算する．t^5 を $g_A(t)=t^2-2t-3$ で割って，$t^5=f(t)g_A(t)+at+b$ とし，a, b を計算する．t に A を代入すると，$g_A(A)=O$ であるから，$A^5=aA+bE$ となる．$t=3, -1$ を代入すると，連立 1 次方程式

$$3^5 = 3a+b, \qquad (-1)^5 = -a+b$$

を得る．これを解くと

$$a = \frac{3^5+1}{4} = 61, \qquad b = \frac{3^5-3}{4} = 60$$

がわかる．したがって

$$A^5 = 61A+60E = 61\begin{bmatrix} 2 & 1 \\ 3 & 0 \end{bmatrix}+60\begin{bmatrix} 1 & 0 \\ 0 & 1 \end{bmatrix} = \begin{bmatrix} 182 & 61 \\ 183 & 60 \end{bmatrix}.$$

（2）　$t^8-2t^7=f(t)g_A(t)+at+b$ とおき，a, b を計算する．$t=3$ を代入すると，$3^8-2\cdot3^7=3a+b$．$t=-1$ を代入すると，$(-1)^8-2(-1)^7=-a+b$．よって，連立 1 次方程式

$$3a+b=2187,\qquad -a+b=3$$

を得る．これを解くと，$a=546$，$b=549$ である．したがって

$$A^8-2A^7=546A+549E=546\begin{bmatrix}2&1\\3&0\end{bmatrix}+549\begin{bmatrix}1&0\\0&1\end{bmatrix}=\begin{bmatrix}1641&546\\1638&549\end{bmatrix}.$$

4. $A=\begin{bmatrix}3&-2\\2&-2\end{bmatrix}$ に対して，A の固有多項式を計算すると

$$g_A(t)=|tE-A|=t^2-t-2=(t-2)(t+1)$$

である．ケイリー・ハミルトンの定理(定理 4.4)より，$g_A(A)=A^2-A-2E=O$ である．

（1）　A^5 を計算する．t^5 を $g_A(t)=t^2-t-2$ で割って，$t^5=f(t)g_A(t)+at+b$ とし，a, b を計算する．t に A を代入すると，$g_A(A)=O$ であるから，$A^5=aA+bE$ となる．$t=2, -1$ を代入すると，連立 1 次方程式

$$2^5=2a+b,\qquad (-1)^5=-a+b$$

を得る．これを解くと

$$a=\frac{2^5+1}{3}=11,\qquad b=\frac{2^5-2}{3}=10$$

がわかる．したがって

$$A^5=11A+10E=11\begin{bmatrix}3&-2\\2&-2\end{bmatrix}+10\begin{bmatrix}1&0\\0&1\end{bmatrix}=\begin{bmatrix}43&-22\\22&-12\end{bmatrix}.$$

（2）　前問(2)と同様の方法で計算すればよい．

$$A^6-3A^5=\begin{bmatrix}-44&24\\-24&16\end{bmatrix}.$$

問題 4.3

(問題 p. 74)

1. （1）　$\boldsymbol{a}=\begin{bmatrix}3\\1\end{bmatrix}$，$\boldsymbol{b}=\begin{bmatrix}5\\2\end{bmatrix}$ とおく．

$$(\boldsymbol{a}, \boldsymbol{b})={}^t\boldsymbol{a}\boldsymbol{b}=[3\quad 1]\begin{bmatrix}5\\2\end{bmatrix}=3\cdot5+1\cdot2=17.$$

（2）　$-1\cdot2+2\cdot3=4$　　（3）　$(-2)3+1\cdot5=1$

2. （1）　$\boldsymbol{a}=\begin{bmatrix}2\\1\end{bmatrix}$ とおく．$\|\boldsymbol{a}\|=\sqrt{2^2+1^2}=\sqrt{5}$．

（2）　$\sqrt{3^2+(-4)^2}=5$　　（3）　$\sqrt{1^2+3^2}=\sqrt{10}$

3. ベクトル $\boldsymbol{a}, \boldsymbol{b}$ が直交するとは，$(\boldsymbol{a}, \boldsymbol{b})=0$ が成り立つことである．

（1）　$\boldsymbol{a}=\begin{bmatrix}3\\-1\end{bmatrix}$，$\boldsymbol{b}=\begin{bmatrix}2\\6\end{bmatrix}$ とおく．

$$(\boldsymbol{a}, \boldsymbol{b})={}^t\boldsymbol{a}\boldsymbol{b}=[3\quad 1]\begin{bmatrix}2\\6\end{bmatrix}=3\cdot2+(-1)\cdot6=0.$$

よって，$\boldsymbol{a}$ と $\boldsymbol{b}$ は直交する．

（2）　$(-2)\cdot2+(-4)(-1)=0$　　（3）　$1\cdot2+6\cdot(-1)+2\cdot2=0$

4. それぞれのベクトルを定理 4.6 のように $\{\boldsymbol{v}_1, \boldsymbol{v}_2, \cdots\}$ とし，シュミットの正規直交化で得られる正規直交基底を $\{\boldsymbol{u}_1, \boldsymbol{u}_2, \cdots\}$ と書くことにする．

（1） $\boldsymbol{v}_1 = \begin{bmatrix} 1 \\ 2 \end{bmatrix}$, $\boldsymbol{v}_2 = \begin{bmatrix} 2 \\ 3 \end{bmatrix}$ とおく．

$$\boldsymbol{u}_1 = \frac{\boldsymbol{v}_1}{\|\boldsymbol{v}_1\|} = \frac{1}{\sqrt{5}}\begin{bmatrix} 1 \\ 2 \end{bmatrix},$$

$$\boldsymbol{v}_2' = \boldsymbol{v}_2 - (\boldsymbol{v}_2, \boldsymbol{u}_1)\,\boldsymbol{u}_1$$

$$= \begin{bmatrix} 2 \\ 3 \end{bmatrix} - \left(\begin{bmatrix} 2 \\ 3 \end{bmatrix}, \frac{1}{\sqrt{5}}\begin{bmatrix} 1 \\ 2 \end{bmatrix}\right)\frac{1}{\sqrt{5}}\begin{bmatrix} 1 \\ 2 \end{bmatrix} = \frac{1}{5}\begin{bmatrix} 2 \\ -1 \end{bmatrix},$$

$$\boldsymbol{u}_2 = \frac{\boldsymbol{v}_2'}{\|\boldsymbol{v}_2'\|} = \frac{1}{\sqrt{5}}\begin{bmatrix} 2 \\ -1 \end{bmatrix}.$$

よって，正規直交基底は $\left\{\frac{1}{\sqrt{5}}\begin{bmatrix} 1 \\ 2 \end{bmatrix}, \frac{1}{\sqrt{5}}\begin{bmatrix} 2 \\ -1 \end{bmatrix}\right\}$.

（2） $\boldsymbol{v}_1 = \begin{bmatrix} 3 \\ -2 \end{bmatrix}$, $\boldsymbol{v}_2 = \begin{bmatrix} 1 \\ 0 \end{bmatrix}$ とおく．

$$\boldsymbol{u}_1 = \frac{1}{\sqrt{13}}\begin{bmatrix} 3 \\ -2 \end{bmatrix}, \quad \boldsymbol{v}_2' = \frac{1}{13}\begin{bmatrix} 4 \\ 6 \end{bmatrix}, \quad \boldsymbol{u}_2 = \frac{1}{\sqrt{13}}\begin{bmatrix} 2 \\ 3 \end{bmatrix}.$$

よって，正規直交基底は $\left\{\frac{1}{\sqrt{13}}\begin{bmatrix} 3 \\ -2 \end{bmatrix}, \frac{1}{\sqrt{13}}\begin{bmatrix} 2 \\ 3 \end{bmatrix}\right\}$.

（3） $\boldsymbol{v}_1 = \begin{bmatrix} 1 \\ 1 \\ 0 \end{bmatrix}$, $\boldsymbol{v}_2 = \begin{bmatrix} 1 \\ 0 \\ 1 \end{bmatrix}$, $\boldsymbol{v}_3 = \begin{bmatrix} 1 \\ 2 \\ 1 \end{bmatrix}$ とおく．

$$\boldsymbol{u}_1 = \frac{\boldsymbol{v}_1}{\|\boldsymbol{v}_1\|} = \frac{1}{\sqrt{2}}\begin{bmatrix} 1 \\ 1 \\ 0 \end{bmatrix},$$

$$\boldsymbol{v}_2' = \boldsymbol{v}_2 - (\boldsymbol{v}_2, \boldsymbol{u}_1)\,\boldsymbol{u}_1$$

$$= \begin{bmatrix} 1 \\ 0 \\ 1 \end{bmatrix} - \left(\begin{bmatrix} 1 \\ 0 \\ 1 \end{bmatrix}, \frac{1}{\sqrt{2}}\begin{bmatrix} 1 \\ 1 \\ 0 \end{bmatrix}\right)\frac{1}{\sqrt{2}}\begin{bmatrix} 1 \\ 1 \\ 0 \end{bmatrix} = \begin{bmatrix} 1 \\ 0 \\ 1 \end{bmatrix} - \frac{1}{2}\begin{bmatrix} 1 \\ 1 \\ 0 \end{bmatrix} = \frac{1}{2}\begin{bmatrix} 1 \\ -1 \\ 2 \end{bmatrix},$$

$$\boldsymbol{u}_2 = \frac{\boldsymbol{v}_2'}{\|\boldsymbol{v}_2'\|} = \frac{1}{\sqrt{6}}\begin{bmatrix} 1 \\ -1 \\ 2 \end{bmatrix},$$

$$\boldsymbol{v}_3' = \boldsymbol{v}_3 - (\boldsymbol{v}_3, \boldsymbol{u}_1)\,\boldsymbol{u}_1 - (\boldsymbol{v}_3, \boldsymbol{u}_2)\,\boldsymbol{u}_2$$

$$= \begin{bmatrix} 1 \\ 2 \\ 1 \end{bmatrix} - \left(\begin{bmatrix} 1 \\ 2 \\ 1 \end{bmatrix}, \frac{1}{\sqrt{2}}\begin{bmatrix} 1 \\ 1 \\ 0 \end{bmatrix}\right)\frac{1}{\sqrt{2}}\begin{bmatrix} 1 \\ 1 \\ 0 \end{bmatrix} - \left(\begin{bmatrix} 1 \\ 2 \\ 1 \end{bmatrix}, \frac{1}{\sqrt{6}}\begin{bmatrix} 1 \\ -1 \\ 2 \end{bmatrix}\right)\frac{1}{\sqrt{6}}\begin{bmatrix} 1 \\ -1 \\ 2 \end{bmatrix}$$

$$= \begin{bmatrix} 1 \\ 2 \\ 1 \end{bmatrix} - \frac{3}{2}\begin{bmatrix} 1 \\ 1 \\ 0 \end{bmatrix} - \frac{1}{6}\begin{bmatrix} 1 \\ -1 \\ 2 \end{bmatrix} = \frac{2}{3}\begin{bmatrix} -1 \\ 1 \\ 1 \end{bmatrix},$$

$$\boldsymbol{u}_3 = \frac{\boldsymbol{v}_3'}{\|\boldsymbol{v}_3'\|} = \frac{1}{\sqrt{3}}\begin{bmatrix}-1\\1\\1\end{bmatrix}.$$

よって，正規直交基底は $\left\{\dfrac{1}{\sqrt{2}}\begin{bmatrix}1\\1\\0\end{bmatrix},\ \dfrac{1}{\sqrt{6}}\begin{bmatrix}1\\-1\\2\end{bmatrix},\ \dfrac{1}{\sqrt{3}}\begin{bmatrix}-1\\1\\1\end{bmatrix}\right\}$.

（4） $\boldsymbol{v}_1=\begin{bmatrix}0\\2\\0\end{bmatrix}$, $\boldsymbol{v}_2=\begin{bmatrix}0\\1\\3\end{bmatrix}$, $\boldsymbol{v}_3=\begin{bmatrix}-1\\1\\0\end{bmatrix}$ とおく．

$$\boldsymbol{u}_1 = \begin{bmatrix}0\\1\\0\end{bmatrix},\quad \boldsymbol{v}_2' = \begin{bmatrix}0\\0\\3\end{bmatrix},\quad \boldsymbol{u}_2 = \begin{bmatrix}0\\0\\1\end{bmatrix},\quad \boldsymbol{v}_3' = \begin{bmatrix}-1\\0\\0\end{bmatrix},\quad \boldsymbol{u}_3 = \begin{bmatrix}1\\0\\0\end{bmatrix}.$$

よって，正規直交基底は $\left\{\begin{bmatrix}0\\1\\0\end{bmatrix},\ \begin{bmatrix}0\\0\\1\end{bmatrix},\ \begin{bmatrix}1\\0\\0\end{bmatrix}\right\}$.

5.（1） 内積の定義により

$$W=\left\{\begin{bmatrix}x_1\\x_2\\x_3\end{bmatrix}\middle|\ x_1+x_3=0\right\}$$

である．$A=[1\ \ 0\ \ 1]$ とおくと，A はすでに簡約行列である．したがって，W の基底として

$$\left\{\begin{bmatrix}-1\\0\\1\end{bmatrix},\ \begin{bmatrix}0\\1\\0\end{bmatrix}\right\}$$

を得る．これを，シュミットの正規直交化を用いて正規直交化すると

$$\left\{\frac{1}{\sqrt{2}}\begin{bmatrix}-1\\0\\1\end{bmatrix},\ \begin{bmatrix}0\\1\\0\end{bmatrix}\right\}$$

となる．このとき，$\boldsymbol{w}_1=\dfrac{1}{\sqrt{2}}\begin{bmatrix}-1\\0\\1\end{bmatrix}$, $\boldsymbol{w}_2=\begin{bmatrix}0\\1\\0\end{bmatrix}$ とおくと，$\{\boldsymbol{w}_1, \boldsymbol{w}_2\}$ は W の正規直交基底である．

正射影の定義(71 ページ)により，任意の $\boldsymbol{v}\in V$ に対して

$$P_{V/W}(\boldsymbol{v}) = (\boldsymbol{v}, \boldsymbol{w}_1)\,\boldsymbol{w}_1+(\boldsymbol{v}, \boldsymbol{w}_2)\,\boldsymbol{w}_2$$

である．よって

$$P_{V/W}\left(\begin{bmatrix}x_1\\x_2\\x_3\end{bmatrix}\right) = \frac{-x_1+x_3}{2}\begin{bmatrix}-1\\0\\1\end{bmatrix}+x_2\begin{bmatrix}0\\1\\0\end{bmatrix} = \frac{1}{2}\begin{bmatrix}x_1-x_3\\2x_2\\-x_1+x_3\end{bmatrix}.$$

（2） $A=\begin{bmatrix}1 & 1 & 1\\1 & -1 & 1\end{bmatrix}$ とおき，A を簡約化する．

$$A \Rightarrow B = \begin{bmatrix}1 & 0 & 1\\0 & 1 & 0\end{bmatrix}$$

であるから，$A\boldsymbol{x}=\boldsymbol{0}$ を解くには $B\boldsymbol{x}=\boldsymbol{0}$ を解けばよい．したがって，$A\boldsymbol{x}=\boldsymbol{0}$ の解空間の基底として

$$\left\{\begin{bmatrix} -1 \\ 0 \\ 1 \end{bmatrix}\right\}$$

を得る．これを，シュミットの正規直交化を用いて正規直交化すると

$$\left\{\frac{1}{\sqrt{2}}\begin{bmatrix} -1 \\ 0 \\ 1 \end{bmatrix}\right\}$$

となる．このとき，$\boldsymbol{w}=\frac{1}{\sqrt{2}}\begin{bmatrix} -1 \\ 0 \\ 1 \end{bmatrix}$ とおくと，$W=\{a\boldsymbol{w} \mid a\in\boldsymbol{R}\}$ である．正射影の定義(71 ページ)により，任意の $\boldsymbol{v}\in V$ に対して

$$P_{V/W}(\boldsymbol{v}) = (\boldsymbol{v}, \boldsymbol{w})\,\boldsymbol{w}$$

である．よって

$$P_{V/W}\left(\begin{bmatrix} x_1 \\ x_2 \\ x_3 \end{bmatrix}\right) = \frac{-x_1+x_3}{2}\begin{bmatrix} -1 \\ 0 \\ 1 \end{bmatrix}.$$

問題 4.4

(問題 p. 80)

1. (1)　${}^tPP=E$ を示す．

$$\begin{aligned} {}^tPP &= \begin{bmatrix} \cos\pi/4 & -\sin\pi/4 \\ \sin\pi/4 & \cos\pi/4 \end{bmatrix}\begin{bmatrix} \cos\pi/4 & \sin\pi/4 \\ -\sin\pi/4 & \cos\pi/4 \end{bmatrix} \\ &= \begin{bmatrix} \cos^2\pi/4+\sin^2\pi/4 & \cos\pi/4\sin\pi/4-\sin\pi/4\cos\pi/4 \\ \sin\pi/4\cos\pi/4-\cos\pi/4\sin\pi/4 & \sin^2\pi/4+\cos^2\pi/4 \end{bmatrix} \\ &= \begin{bmatrix} 1 & 0 \\ 0 & 1 \end{bmatrix} = E. \end{aligned}$$

よって，P は直交行列である．

(2)　(1)と同様に ${}^tPP=E$ を示せばよい．

2. P と A の対角化の組は 1 通りではない．

(1)　A の固有多項式は $g_A(t)=|tE-A|=(t-3)(t+1)$ である．よって，固有値は $\lambda=3, -1$.

固有値 3 に属する固有ベクトルを求めるには，$(3E-A)\boldsymbol{x}=\boldsymbol{0}$ を解く．

$$3E-A = \begin{bmatrix} 3-2 & -1 \\ -3 & 3-0 \end{bmatrix} = \begin{bmatrix} 1 & -1 \\ -3 & 3 \end{bmatrix}$$

であるから，この行列を簡約化すると

$$\begin{bmatrix} 1 & -1 \\ -3 & 3 \end{bmatrix} \Rightarrow \begin{bmatrix} 1 & -1 \\ 0 & 0 \end{bmatrix}$$

となる．$x_1-x_2=0$ を解いて，解は

$$\boldsymbol{x} = a\begin{bmatrix} 1 \\ 1 \end{bmatrix} \qquad (a\in\boldsymbol{R})$$

である．よって，固有値 3 に属する固有ベクトルは $a\begin{bmatrix} 1 \\ 1 \end{bmatrix}$ $(a\in\boldsymbol{R},\ a\neq 0)$.

固有値 -1 に属する固有ベクトルを求めるには，$(-E-A)\boldsymbol{x}=\boldsymbol{0}$ を解く．

$$-E-A=\begin{bmatrix}-1-2 & -1\\ -3 & -1-0\end{bmatrix}=\begin{bmatrix}-3 & -1\\ -3 & -1\end{bmatrix}$$

であるから，この行列を簡約化すると

$$\begin{bmatrix}-3 & -1\\ -3 & -1\end{bmatrix} \Rightarrow \begin{bmatrix}1 & 1/3\\ 0 & 0\end{bmatrix}$$

となる．$x_1+\dfrac{1}{3}x_2=0$ を解いて，解は

$$\boldsymbol{x}=b\begin{bmatrix}-1/3\\ 1\end{bmatrix}=\frac{b}{3}\begin{bmatrix}-1\\ 3\end{bmatrix} \qquad (b\in\boldsymbol{R})$$

である．よって，固有値 -1 に属する固有ベクトルは $\dfrac{b}{3}\begin{bmatrix}-1\\ 3\end{bmatrix}$ $(b\in\boldsymbol{R},\ b\neq 0)$．

固有ベクトルとして，整数を成分とするものをとった方がわかりやすいので，整数を成分とする列ベクトル $\begin{bmatrix}1\\ 1\end{bmatrix}$, $\begin{bmatrix}-1\\ 3\end{bmatrix}$ を基底としてとる $(a=1,\ b=3)$．これらを列ベクトルにもつ行列を P とする．

したがって，$P=\begin{bmatrix}1 & -1\\ 1 & 3\end{bmatrix}$ とおくと，A は $P^{-1}AP=\begin{bmatrix}3 & 0\\ 0 & -1\end{bmatrix}$ と対角化される．

（2） A の固有多項式は $g_A(t)=(t-2)(t+4)$．よって，固有値は $\lambda=2,-4$．

$\lambda=2$ とし，$(2E-A)\boldsymbol{x}=\boldsymbol{0}$ を解くと，$\boldsymbol{x}=a\begin{bmatrix}1\\ 1\end{bmatrix}$ $(a\in\boldsymbol{R})$．

$\lambda=-4$ とし，$(-4E-A)\boldsymbol{x}=\boldsymbol{0}$ を解くと，$\boldsymbol{x}=b\begin{bmatrix}-1/5\\ 1\end{bmatrix}=\dfrac{b}{5}\begin{bmatrix}-1\\ 5\end{bmatrix}$ $(b\in\boldsymbol{R})$．

固有ベクトルとして，整数を成分とする方がわかりやすいので，列ベクトル $\begin{bmatrix}1\\ 1\end{bmatrix}$, $\begin{bmatrix}-1\\ 5\end{bmatrix}$ を基底としてとる．

したがって，$P=\begin{bmatrix}1 & -1\\ 1 & 5\end{bmatrix}$ とおくと，$P^{-1}AP=\begin{bmatrix}2 & 0\\ 0 & -4\end{bmatrix}$．

（3） A の固有多項式は $g_A(t)=(t-1)(t-2)(t-3)$．よって，固有値は $\lambda=1,2,3$．

$\lambda=1$ とし，$(E-A)\boldsymbol{x}=\boldsymbol{0}$ を解くと，$\boldsymbol{x}=a\begin{bmatrix}0\\ 1\\ 0\end{bmatrix}$ $(a\in\boldsymbol{R})$．

$\lambda=2$ とし，$(2E-A)\boldsymbol{x}=\boldsymbol{0}$ を解くと，$\boldsymbol{x}=b\begin{bmatrix}0\\ 2\\ 1\end{bmatrix}$ $(b\in\boldsymbol{R})$．

$\lambda=3$ とし，$(3E-A)\boldsymbol{x}=\boldsymbol{0}$ を解くと，$\boldsymbol{x}=c\begin{bmatrix}-2\\ 1\\ 0\end{bmatrix}$ $(c\in\boldsymbol{R})$．

したがって，$P=\begin{bmatrix}0 & 0 & -2\\ 1 & 2 & 1\\ 0 & 1 & 0\end{bmatrix}$ とおくと，$P^{-1}AP=\begin{bmatrix}1 & 0 & 0\\ 0 & 2 & 0\\ 0 & 0 & 3\end{bmatrix}$．

（4） A の固有多項式は $g_A(t)=(t+1)(t-2)(t-1)$．よって，固有値は $\lambda=-1,2,1$．

$\lambda=-1$ とし，$(-E-A)\boldsymbol{x}=\boldsymbol{0}$ を解くと，$\boldsymbol{x}=a\begin{bmatrix}6\\2\\5\end{bmatrix}$ $(a\in\boldsymbol{R})$.

$\lambda=2$ とし，$(2E-A)\boldsymbol{x}=\boldsymbol{0}$ を解くと，$\boldsymbol{x}=b\begin{bmatrix}0\\-1/2\\1\end{bmatrix}=\dfrac{b}{2}\begin{bmatrix}0\\-1\\2\end{bmatrix}$ $(b\in\boldsymbol{R})$.

$\lambda=1$ とし，$(E-A)\boldsymbol{x}=\boldsymbol{0}$ を解くと，$\boldsymbol{x}=c\begin{bmatrix}0\\0\\1\end{bmatrix}$ $(c\in\boldsymbol{R})$.

固有ベクトルとして，整数を成分とする方がわかりやすいので，列ベクトル $\begin{bmatrix}6\\2\\5\end{bmatrix}$, $\begin{bmatrix}0\\-1\\2\end{bmatrix}$, $\begin{bmatrix}0\\0\\1\end{bmatrix}$ を基底としてとる.

したがって，$P=\begin{bmatrix}6&0&0\\2&-1&0\\5&2&1\end{bmatrix}$ とおくと，$P^{-1}AP=\begin{bmatrix}-1&0&0\\0&2&0\\0&0&1\end{bmatrix}$.

3. 直交行列 P と A の対角化の組は 1 通りではない.

(1) A の固有多項式は $g_A(t)=|tE-A|=(t-1)(t+1)$ である．よって，固有値は $\lambda=1, -1$.

固有値 1 に属する固有ベクトルを求めるには，$(E-A)\boldsymbol{x}=\boldsymbol{0}$ を解く.

$$E-A=\begin{bmatrix}1-0&-1\\-1&1-0\end{bmatrix}=\begin{bmatrix}1&-1\\-1&1\end{bmatrix}$$

であるから，この行列を簡約化すると

$$\begin{bmatrix}1&-1\\-1&1\end{bmatrix}\Rightarrow\begin{bmatrix}1&-1\\0&0\end{bmatrix}$$

となる．$x_1-x_2=0$ を解いて，解は

$$\boldsymbol{x}=a\begin{bmatrix}1\\1\end{bmatrix}\qquad(a\in\boldsymbol{R})$$

である．よって，固有値 1 に属する固有ベクトルは $a\begin{bmatrix}1\\1\end{bmatrix}$ $(a\in\boldsymbol{R},\ a\neq 0)$.

固有値 -1 に属する固有ベクトルを求めるには，$(-E-A)\boldsymbol{x}=\boldsymbol{0}$ を解く.

$$-E-A=\begin{bmatrix}-1-0&-1\\-1&-1-0\end{bmatrix}=\begin{bmatrix}-1&-1\\-1&-1\end{bmatrix}$$

であるから，この行列を簡約化すると

$$\begin{bmatrix}-1&-1\\-1&-1\end{bmatrix}\Rightarrow\begin{bmatrix}1&1\\0&0\end{bmatrix}$$

となる．$x_1+x_2=0$ を解いて，解は

$$\boldsymbol{x}=b\begin{bmatrix}-1\\1\end{bmatrix}\qquad(b\in\boldsymbol{R})$$

である．よって，固有値 -1 に属する固有ベクトルは $b\begin{bmatrix}-1\\1\end{bmatrix}$ $(b\in\boldsymbol{R},\ b\neq 0)$.

したがって，$\boldsymbol{a}_1=\begin{bmatrix}1\\1\end{bmatrix}$, $\boldsymbol{a}_2=\begin{bmatrix}-1\\1\end{bmatrix}$ とおき，$\boldsymbol{a}_1, \boldsymbol{a}_2$ を正規直交化したベクトルを列ベクトルにも

つ行列を P とすると，P は直交行列である．$\boldsymbol{a}_1$ と $\boldsymbol{a}_2$ は，定理 4.11 により直交するから，単に正規化（ノルムを 1 にする）すればよい．すなわち，$\boldsymbol{R}^2$ の基底 $\{\boldsymbol{a}_1, \boldsymbol{a}_2\}$ の正規直交化は

$$\left\{\frac{1}{\sqrt{2}}\begin{bmatrix}1\\1\end{bmatrix}, \frac{1}{\sqrt{2}}\begin{bmatrix}-1\\1\end{bmatrix}\right\}$$

となる．したがって

$$P=\begin{bmatrix}1/\sqrt{2} & -1/\sqrt{2}\\1/\sqrt{2} & 1/\sqrt{2}\end{bmatrix}$$

とおくと，A は

$$P^{-1}AP=\begin{bmatrix}1 & 0\\0 & -1\end{bmatrix}$$

と対角化される．

（2）　A の固有多項式は $g_A(t)=(t-3)(t+1)$．よって，固有値は $\lambda=3, -1$.

$\lambda=3$ とし，$(3E-A)\boldsymbol{x}=\boldsymbol{0}$ を解くと

$$\boldsymbol{x}=a\begin{bmatrix}\sqrt{3}\\1\end{bmatrix}\qquad(a\in\boldsymbol{R}).$$

ノルムが 1 のものは $\begin{bmatrix}\sqrt{3}/2\\1/2\end{bmatrix}$.

$\lambda=-1$ とし，$(-E-A)\boldsymbol{x}=\boldsymbol{0}$ を解くと

$$\boldsymbol{x}=b\begin{bmatrix}-\sqrt{3}/3\\1\end{bmatrix}\qquad(b\in\boldsymbol{R}).$$

ノルムが 1 のものは $\begin{bmatrix}-1/2\\\sqrt{3}/2\end{bmatrix}$.

この 2 つのノルム 1 のベクトルを列ベクトルとする行列を

$$P=\begin{bmatrix}\sqrt{3}/2 & -1/2\\1/2 & \sqrt{3}/2\end{bmatrix}$$

とおくと，定理 4.11 より P は直交行列で

$$P^{-1}AP=\begin{bmatrix}3 & 0\\0 & -1\end{bmatrix}.$$

（3）　A の固有多項式は $g_A(t)=(t-2)^2(t+1)$．よって，固有値は $\lambda=2$（重根），-1.

$\lambda=2$ とし，$(2E-A)\boldsymbol{x}=\boldsymbol{0}$ を解くと

$$\boldsymbol{x}=a\begin{bmatrix}0\\1\\0\end{bmatrix}+b\begin{bmatrix}\sqrt{2}\\0\\1\end{bmatrix}\qquad(a, b\in\boldsymbol{R}).$$

$\begin{bmatrix}0\\1\\0\end{bmatrix}, \begin{bmatrix}\sqrt{2}\\0\\1\end{bmatrix}$ をシュミットの正規直交化を用いて正規直交化して，$\begin{bmatrix}0\\1\\0\end{bmatrix}, \begin{bmatrix}\sqrt{2}/\sqrt{3}\\0\\1/\sqrt{3}\end{bmatrix}$ を得る．

$\lambda=-1$ とし，$(-E-A)\boldsymbol{x}=\boldsymbol{0}$ を解くと

$$\boldsymbol{x}=c\begin{bmatrix}-1/\sqrt{2}\\0\\1\end{bmatrix}\qquad(c\in\boldsymbol{R}).$$

$\begin{bmatrix} -1/\sqrt{2} \\ 0 \\ 1 \end{bmatrix}$ のノルムを 1 にして，$\begin{bmatrix} -1/\sqrt{3} \\ 0 \\ \sqrt{2}/\sqrt{3} \end{bmatrix}$ を得る．

この 3 つのノルム 1 のベクトルを列ベクトルとする行列を

$$P = \begin{bmatrix} 0 & \sqrt{2}/\sqrt{3} & -1/\sqrt{3} \\ 1 & 0 & 0 \\ 0 & 1/\sqrt{3} & \sqrt{2}/\sqrt{3} \end{bmatrix}$$

とおくと，定理 4.11 より P は直交行列で

$$P^{-1}AP = \begin{bmatrix} 2 & 0 & 0 \\ 0 & 2 & 0 \\ 0 & 0 & -1 \end{bmatrix}.$$

4. (1) 問題 4.4 の 2(1) の行列 $P=\begin{bmatrix} 1 & -1 \\ 1 & 3 \end{bmatrix}$ をとると，$P^{-1}AP=\begin{bmatrix} 3 & 0 \\ 0 & -1 \end{bmatrix}$ である．

このとき，$D=\begin{bmatrix} 3 & 0 \\ 0 & -1 \end{bmatrix}$ とおくと，$A=PDP^{-1}$ と書けるから

$$A^5 = (PDP^{-1})(PDP^{-1})(PDP^{-1})(PDP^{-1})(PDP^{-1}) = PD^5P^{-1}.$$

ここで，$D^5=\begin{bmatrix} 3^5 & 0 \\ 0 & (-1)^5 \end{bmatrix}$ であるから

$$\begin{aligned} A^5 &= PD^5P^{-1} \\ &= \begin{bmatrix} 1 & -1 \\ 1 & 3 \end{bmatrix}\begin{bmatrix} 3^5 & 0 \\ 0 & (-1)^5 \end{bmatrix}\begin{bmatrix} 3/4 & 1/4 \\ -1/4 & 1/4 \end{bmatrix} \\ &= \frac{1}{4}\begin{bmatrix} 3^6-1 & 3^5+1 \\ 3^6+3 & 3^5-3 \end{bmatrix} = \begin{bmatrix} 182 & 61 \\ 183 & 60 \end{bmatrix}. \end{aligned}$$

(2) (1) と同様の方法で計算すればよい．

$$\begin{aligned} A^8 &= (PDP^{-1})^8 = PD^8P^{-1} \\ &= \frac{1}{4}\begin{bmatrix} 3^9+1 & 3^8-1 \\ 3^9-3 & 3^8 \end{bmatrix} = \begin{bmatrix} 4921 & 1640 \\ 4920 & 1641 \end{bmatrix}. \end{aligned}$$

5. (1) 問題 4.4 の 2(2) の行列 $P=\begin{bmatrix} 1 & -1 \\ 1 & 5 \end{bmatrix}$ をとると，$P^{-1}AP=\begin{bmatrix} 2 & 0 \\ 0 & -4 \end{bmatrix}$ である．

このとき，$D=\begin{bmatrix} 2 & 0 \\ 0 & -4 \end{bmatrix}$ とおくと，$A=PDP^{-1}$ と書けるから

$$A^7 = (PDP^{-1})^7 = PD^7P^{-1}.$$

ここで，$D^7=\begin{bmatrix} 2^7 & 0 \\ 0 & (-4)^7 \end{bmatrix}$ であるから

$$\begin{aligned} A^7 &= PD^7P^{-1} \\ &= \begin{bmatrix} 1 & -1 \\ 1 & 5 \end{bmatrix}\begin{bmatrix} 2^7 & 0 \\ 0 & (-4)^7 \end{bmatrix}\begin{bmatrix} 5/6 & 1/6 \\ -1/6 & 1/6 \end{bmatrix} \\ &= \frac{1}{6}\begin{bmatrix} 5\cdot 2^7 & 2^7+4^7 \\ 5\cdot 2^7+5\cdot 4^7 & 2^7-5\cdot 4^7 \end{bmatrix} = \begin{bmatrix} -2624 & 2752 \\ 13760 & -13632 \end{bmatrix}. \end{aligned}$$

(2)　(1)と同様の方法で計算すればよい.

$$A^{10} = (PDP^{-1})^{10} = PD^{10}P^{-1}$$

$$= \begin{bmatrix} 1 & -1 \\ 1 & 5 \end{bmatrix} \begin{bmatrix} 2^{10} & 0 \\ 0 & (-4)^{10} \end{bmatrix} \begin{bmatrix} 5/6 & 1/6 \\ -1/6 & 1/6 \end{bmatrix}$$

$$= \frac{1}{6} \begin{bmatrix} 5\cdot 2^{10}+4^{10} & 2^{10}-4^{10} \\ 5\cdot 2^{10}-5\cdot 4^{10} & 2^{10}+5\cdot 4^{10} \end{bmatrix} = \begin{bmatrix} 175616 & -174592 \\ -872960 & 873984 \end{bmatrix}.$$

索　引

★★ さ　行 ★★

★★ た　行 ★★

★★ な　行 ★★

★★ は　行 ★★

★★ ま　行 ★★

★★ や　行 ★★

★★ ら　行 ★★

★★ わ　行 ★★

著者紹介

三宅敏恒（みやけ としつね）

1966年　大阪大学理学部卒業
Princeton 高等研究所研究員，
大阪大学助手，京都大学講師，
University of Washington 助教授，
北海道大学大学院理学研究院教授
などを経て
現　在　北海道大学名誉教授
Ph. D.（Johns Hopkins 大学）

主要著書

保型形式と整数論（紀伊國屋書店，1976，共著）
微分積分学演習（共立出版，1988，共著）
Modular Forms（Springer-Verlag，1989）
入門　線形代数（培風館，1991）
入門　微分積分（培風館，1992）
入門　代数学（培風館，1999）
微分と積分（培風館，2004）
Modular Forms
（Springer Monographs in Mathematics，2006）
微分方程式－やさしい解き方（培風館，2007）
線形代数学－初歩からジョルダン標準形へ
（培風館，2008）
線形代数の演習（培風館，2012）
微分積分の演習（培風館，2017）
Linear Algebra : From the Beginnings to the Jordan Normal Forms（Springer，2022）
線形代数概論（培風館，2023）

2010年4月22日　初版発行
2025年3月6日　初版第11刷発行

線形代数
──例とポイント──

著　者　三宅敏恒
発行者　山本　格

発行所　株式会社　培風館
東京都千代田区九段南4-3-12・郵便番号102-8260
電話(03)3262-5256(代表)・振替00140-7-44725

中央印刷・牧 製本

PRINTED IN JAPAN

ISBN978-4-563-00389-0 C3041